数字电子技术实验与仿真

主　编　刘延飞

编　者　刘延飞　郭锁利

　　　　李　琪　毕经存

主　审　罗正文

西北工业大学出版社

【内容提要】 本书是根据高等学校工科专业数字电子技术基础实验课程的基本要求,针对加强学生实践能力和创新能力培养的教学目的而编写的。

本书分为 3 个部分:第 1 部分是实验的基本知识,介绍了数字电子技术实验常用的测量方法和技术以及数字电子电路调试技术和故障排除方法;第 2 部分是数字电子技术实验,包括基本实验、综合实验和设计实验共 16 个;第 3 部分是数字电子技术仿真实验,介绍了具体操作实例。

本书可作为高等学校工科各专业本科生的数字电子技术实验教材使用。

图书在版编目(CIP)数据

数字电子技术实验与仿真/刘延飞主编 · —西安:西北工业大学出版社,2010.8
ISBN 978 - 7 - 5612 - 2867 - 8

Ⅰ.①数… Ⅱ.①刘… Ⅲ.①数字电路—电子技术—实验②数字电路—电子技术—计算机仿真 Ⅳ.①TN79

中国版本图书馆 CIP 数据核字(2010)第 158350 号

出版发行:西北工业大学出版社
通信地址:西安市友谊西路 127 号 邮编:710072
电 话:(029)88493844 88491757
网 址:www.nwpup.com
印 刷 者:陕西天元印务有限责任公司
开 本:787 mm×1 092 mm 1/16
印 张:8
字 数:190 千字
版 次:2010 年 8 月第 1 版 2010 年 8 月第 1 次印刷
定 价:15.00 元

前　言

本书是根据第二炮兵工程学院"新一代人才培养方案"和新的电工与电子技术实验课程标准，并结合第二炮兵工程学院电工电子技术实验教学实际编写而成的实践性教程，它可作为高等学校工科各专业本科生的数字电子技术实验教材。

数字电子技术是高等工科院校的重要专业基础课之一，是一门理论性和实践性都很强的课程。实验是该课程的一个重要环节。通过这一实践性教学环节，不仅要达到巩固和加深理解所学的知识，更重要的是训练实验技能，根据理论知识来指导实验，树立工程实际观点和严谨的科学作风。按照实验能力培养的规律，着力培养学生的独立思考和勇于创新的精神，基于"学习是基础、思考是关键、实践是根本"的指导思想，我们编写了这本实验教材。

使用本书应重点放在：

(1)注意理论对实践的指导作用，对实验结果应能做出理论分析和正确解释。

(2)注重训练实验基本技能及实践经验积累。

(3)细心观察，善于发现问题并解决问题，突出创新能力的培养。

本书介绍了数字电子技术基础实验的基本知识，深入浅出地阐述了数字电路实验的基本方法、测试原理，集成电路的识别和参数测试；引入了16个实验项目，包括集成逻辑门电路逻辑功能的测试、组合逻辑电路设计、时序逻辑电路设计和数字频率计等的验证、综合设计类内容；增加了数字电路仿真实验，给出了基本操作和具体操作实例。

本书的指导思想是培养学生掌握电子实验基本技能和基本测试技术的能力。为此，本书在编写时融合了电路分析基础、电子测量技术等相关理论知识。实验项目的选取力求做到验证性实验，强调基本技能的训练，综合设计性实验可选实物或计算机仿真及虚拟仪器等手段对电路进行仿真设计、运行和分析，帮助学生发现问题、分析问题、解决问题，使学生更好地掌握基础实验知识、基本实验技能，为独立完成综合性、设计性实验打下扎实的基础。

全书共分3部分。本书由刘延飞担任主编，负责全书的编写和定稿。此外，毕经存参与编写第1部分的部分内容，李琪参与编写第2部分的部分内容，郭锁利参与编写第3部分的部分内容。感谢主审罗正文副教授对本书提出的详细修改意见。

本书在编写过程中，得到第二炮兵工程学院基础实验中心、专业基础实验中心和电工电子技术教研室领导和全体教员的大力支持和帮助，在此表示衷心的感谢。

由于编者水平有限，书中存在一些不足之处，希望读者提出宝贵意见。

编　者

2009 年 10 月

目　　录

第1部分　数字电子技术实验基础

1.1　数字电子技术实验常识

在实验中,为了测量某些参数、特性或观察某些现象所采用的方法都称为实验方法。诸如对静态工作点和交流电压的测量方法,放大器 A_V, r_i, r_o 的测量方法,幅频、相频特性的测量方法……,都是本实验课中最常用和最基本的方法。因此,我们把这些实验方法称为基本实验方法。

基本实验方法在实验中多次出现,而且它们具有典型性和代表性,很多实验都是在掌握基本实验方法的基础上进行的。因此,为了帮助同学做好实验,现将数字电子技术实验基本过程、操作规范、布线原则、测试方法、故障检查方法和实验要求等内容做一介绍。

1.1.1　数字电路概述、特点及使用须知

一、概述

当今,数字电子电路几乎已完全集成化了。因此,充分掌握和正确使用数字集成电路,用以构成数字逻辑系统,就成为数字电子技术的核心内容之一。

集成电路按集成度可分为小规模、中规模、大规模和超大规模等。小规模集成电路(Small Scale Integration, SSI)是在一块硅片上制成 1~10 个门,通常为逻辑单元电路,如逻辑门、触发器等。中规模集成电路(Medium Scale Integration, MSI)的集成度为 10~100 门/片,通常是逻辑功能电路,如译码器、数据选择器、计数器、寄存器等。大规模集成电路(Large Scale Integration, LSI)的集成度为 100 门/片以上,超大规模(Very Large Scale Integration, VLSI)为 1 000 门/片以上,通常是一个小的数字逻辑系统。现已制成规模更大的极大规模集成电路。

数字集成电路还可分为双极型电路和单极型电路两种。双极型电路中有代表性的是TTL(Transistor-Transistor Logic,晶体管-晶体管逻辑)电路;单极型电路中有代表性的是CMOS(Complement Metal Oxide Semiconductor,复合互补金属氧化物半导体)电路。国产TTL 集成电路的标准系列为 CT54/74 系列或 CT0000 系列,其功能和外引线排列与国际 54/74 系列相同。国产 CMOS 集成电路主要为 CC(CH)4000 系列,其功能和外引线排列与国际CD4000 系列相对应。高速 CMOS 系列中,74HC 和 74HCT 系列与 TTL74 系列相对应,74HC4000 系列与 CC4000 系列相对应。

部分数字集成电路的逻辑表达式、外引线排列图列于附录中。逻辑表达式或功能表描述了集成电路的功能以及输出与输入之间的逻辑关系。为了正确使用集成电路,应该对它们进行认真研究,深入理解,充分掌握。还应对使能端的功能和连接方法给予充分的注意。

必须正确了解集成电路参数的意义和数值,并按规定使用。特别是必须严格遵守极限参数的限定,因为即使瞬间超出,也会使器件遭受损坏。下面具体说明集成电路的特点和使用须知。

二、TTL 器件的特点

(1)输入端一般有钳位二极管,减少了反射干扰的影响。

(2)输出电阻低,增强了带容性负载的能力。

(3)有较大的噪声容限。

(4)采用＋5V 的电源供电。

·为了正常发挥器件的功能,应使器件在推荐的条件下工作。对 CT0000 系列(74LS 系列)器件,主要有:

(1)电源电压应 4.75～5.25V 的范围内。

(2)环境温度在 0℃～70℃之间。

(3)高电平输入电压 $V_{IH} > 2V$,低电平输入电压 $V_{SL} < 0.8V$。

(4)输出电流应小于最大推荐值(查手册)。

(5)工作频率不能高,一般的门和触发器的最高工作频率约 30MHz 左右。

TTL 器件使用须知:

(1)电源电压应严格保持在 5V±10％ 的范围内,过高易损坏器件,过低则不能正常工作,实验中一般采用稳定性好、内阻小的直流稳压电源。使用时,应特别注意电源与地线不能错接,否则会因过大电流而造成器件损坏。

(2)多余输入端最好不要悬空,虽然悬空相当于高电平,并不能影响与门(与非门)的逻辑功能,但悬空时易受干扰,为此,与门、与非门多余输入端可直接接到 V_{CC} 上,或通过一个公用电阻(几千欧)连到 V_{CC} 上。若前级驱动能力强,则可将多余输入端与使用端并接,不用的或门、或非门输入端直接接地,与或非门不用的与门输入端至少有一个要直接接地,带有扩展端的门电路,其扩展端不允许直接接电源。

(3)输出端不允许直接接电源或接地(但可以通过电阻与电源相连);不允许直接并联使用(集电极开路门和三态门除外)。

(4)应考虑电路的负载能力(即扇出系数)。要留有余地,以免影响电路的正常工作,扇出系数可通过查阅器件手册或计算获得。

(5)在高频工作时,应通过缩短引线、屏蔽干扰源等措施,抑制电流的尖峰干扰。

三、CMOS 数字集成电路的特点

(1)静态功耗低。电源电压 $V_{DD} = 5V$ 的中规模电路的静态功耗小于 $100\mu W$,从而有利于提高集成度和封装密度,降低成本,减小电源功耗。

(2)电源电压范围宽。4000 系列 CMOS 电路的电源电压范围为 3～18V,从而使选择电源的余地大,电源设计要求低。

(3)输入阻抗高。正常工作的 CMOS 集成电路,其输入端保护二极管处于反偏状态,直流输入阻抗可大于 100MΩ,在工作频率较高时,应考虑输入电容的影响。

(4)扇出能力强。在低频工作时,一个输出端可驱动 50 个以上的 CMOS 器件的输入端,

这主要是 CMOS 器件的输入电阻高的缘故。

(5)抗干扰能力强。CMOS 集成电路的电压噪声容限可达电源电压的 45%,而且高电平和低电平的噪声容限值基本相等。

(6)逻辑摆幅大。空载时,输出高电平 $V_{OH} > V_{DD} - 0.05V$,输出低电平 $V_{OL} < V_{SS} + 0.05V$。

CMOS 集成电路还有较好的温度稳定性和较强的抗辐射能力。不足之处是,一般 CMOS 器件的工作速度比 TTL 集成电路低,功耗随工作频率的升高而显著增大。

CMOS 器件的输入端和 V_{SS} 之间接有保护二极管,除了电平变换器等一些接口电路外,输入端和正电源 V_{DD} 之间也接有保护二极管,因此,在正常运转和焊接 CMOS 器件时,一般不会因感应电荷而损坏器件。但是,在使用 CMOS 数字集成电路时,输入信号的低电平不能低于 $V_{SS} - 0.5V$,除某些接口电路外,输入信号的高电平不得高于 $V_{DD} + 0.5V$,否则可能引起保护二极管导通,甚至损坏,进而可能使输入级损坏。

CMOS 器件使用须知:

(1)电源连接和选择。V_{DD} 端接电源正极,V_{SS} 端接电源负极(地)。绝对不许接错,否则器件因电流过大而损坏。对于电源电压范围为 3~18V 系列器件,如 CC4000 系列,实验中 V_{DD} 通常接 +5V 电源,V_{DD} 电压选在电源变化范围的中间值,例如电源电压在 8~12V 之间变化,则选择 $V_{DD} = 10V$ 较恰当。

CMOS 器件在不同的 V_{DD} 值下工作时,其输出阻抗、工作速度和功耗等参数都有所变化,设计中须考虑。

(2)输入端处理。多余输入端不能悬空,应按逻辑要求接 V_{DD} 或接 V_{SS},以免受干扰造成逻辑混乱,甚至还会损坏器件。对于工作速度要求不高,而要求增加带负载能力时,可把输入端并联使用。

对于安装在印刷电路板上的 CMOS 器件,为了避免输入端悬空,在电路板的输入端应接入限流电阻 R_P 和保护电阻 R。当 $V_{DD} = +5V$ 时,R_P 取 $5.1k\Omega$,R 一般取 $100k\Omega \sim 1M\Omega$。

(3)输出端处理。输出端不允许直接接 V_{DD} 或 V_{SS},否则将导致器件损坏,除三态(TS)器件外,不允许两个不同芯片输出端并联使用,但有时为了增加驱动能力,同一芯片上的输出端可以并联。

(4)对输入信号 V_I 的要求。V_I 的高电平 $V_{IH} < V_{DD}$,V_I 的低电平 V_{IL} 小于电路系统允许的最低电压;当器件 V_{DD} 端未接通电源时,不允许信号输入,否则将使输入端保护电路中的二极管损坏。

1.1.2　实验基本过程

实验的基本过程,应包括确定实验内容,选定最佳的实验方法和实验线路,拟出较好的实验步骤,合理选择仪器设备和元器件,进行连接安装和调试,最后写出完整的实验报告。

在进行数字电路实验时,充分掌握和正确利用集成元件及其构成的数字电路独有的特点和规律,可以收到事半功倍的效果。对于每一个实验,应做好实验预习、实验记录和实验报告等环节。

一、实验预习过程

认真预习是做好实验的关键,预习好坏,不仅关系到实验能否顺利进行,而且直接影响实验效果。预习应按本教材的实验预习要求进行,在每次实验前首先要认真复习有关实验的基本原理,掌握有关器件使用方法,对如何着手实验做到心中有数。通过预习,还应做好实验前的准备,写出一份预习报告,其内容包括:

(1)绘出设计好的实验电路图,该图应该是逻辑图和连线图的混合,既便于连接线,又反映电路原理,并在图上标出器件型号、使用的引脚号及元件数值,必要时还须用文字说明。

(2)拟定实验方法和步骤。

(3)拟好记录实验数据的表格和波形坐标。

(4)列出元器件清单。

二、实验中的调试及改进过程

1. 实验一般规则

(1)实验前必须做好充分预习,完成要求的预习任务,写出预习报告。

(2)使用仪器前,必须了解其性能、使用方法及注意事项,并要严格遵守。

(3)实验时认真接线,并经检查确认无误后,方可接通电源。实验中接线、拆线时,应先关闭电源。

(4)接通电源后,应首先观察有无破坏性异常现象(如仪器、元器件冒烟、发烫或有异味等)。如果发现,应立即关闭电源,保护现场,报告指导教师。只有在查清原因,排除故障后,才能继续做实验。在实验报告中,认真分析故障原因,并说明故障排除的过程和方法。

(5)实验结束后,先关断电源,然后拆线,并将仪器设备恢复原状。

(6)实验结束后,须按要求写一份实验报告。

2. 实验安排

根据实验内容合理分置实验现场、准备好实验所需的仪器设备、元器件及连接线,按实验方案合理安排实验器件,正确布线。

3. 实验记录

实验记录是实验过程中获得的第一手资料,要认真记录实验条件、实验仪器设备的型号和所测得数据及波形,并及时与理论分析结果加以比较。测试过程中所测试的数据和波形必须和理论基本一致,所以记录必须清楚、合理、正确。若不正确,则要现场及时重复测试,找出原因。如发现有较大差异,应做着重分析,得出误差原因后,决定是否重新实验。实验记录应包括如下内容:

(1)实验任务、名称及内容。

(2)实验数据和波形以及实验中出现的现象,从记录中应能初步判断实验的正确性。

(3)记录波形时,应注意输入、输出波形的时间相位关系,在坐标中上下对齐。

(4)实验中实际使用的仪器型号和编号以及元器件使用情况。

4. 故障排除

实验过程中出现故障是正常现象,或者说出现故障、实验不顺利并不是件无益的事情,相反学生在实验故障中才能够学会排除故障的方法,找到改进实验的路径,增强分析问题的能力,提高实验的兴趣。

出现实验故障时,分析原因,逐级查找故障并排除。若自己无法解决,可请指导教师提供排除故障的思路,再去自行解决。

5. 结束实验

实验结束后,可将实验记录整理好后送给指导教师审阅,经教师同意后方可拆除线路,整理仪器设备。

三、实验后总结过程

1. 实验报告要求

实验报告是培养学生总结和分析科学实验结果能力的有效手段,也是一项重要的基本功训练。它能很好地巩固实验成果,加深对基本理论的认识和理解,从而进一步扩大知识面。

实验报告是一份技术总结,要求文字简洁,内容清楚,图表工整。报告内容应包括实验目的、实验内容和结果、实验使用仪器和元器件以及分析讨论等。其中,实验内容和结果是报告的主要部分,它应包括实际完成的全部实验,并且要按实验任务逐个书写,每个实验任务应有如下内容:

(1)实验课题的方框图、逻辑图(或测试电路)、状态图、真值表以及文字说明等。对于设计性课题,还应有整个设计过程和关键的设计技巧说明。

(2)实验记录和经过整理的数据、表格、曲线和波形图。其中,表格、曲线和波形图应利用三角板、曲线板等工具描绘,力求画得准确,不得随手示意画出。

(3)实验结果分析、讨论及结论。对讨论的范围,没有严格要求,一般应对重要的实验现象、结论加以讨论,以进一步加深理解。此外,对实验中的异常现象,可作一些简要说明。实验中有何收获,可谈一些心得体会。

2. 误差分析与测量结果的处理

实验过程中的测量值与待测量的真值总是有一定的差别的,这就要求在测量过程中应尽可能地减少二者的差值,即减少误差。对误差的分析也是实验后的一项重要工作。要分析误差就须要了解误差的来源和种类,才能对测量的数据进行恰当的处理,以得到满意的结果。误差的来源包括仪器误差、使用误差、人身误差、环境误差和方法误差。误差的种类包括系统误差、随机误差(偶然误差)、疏失误差(粗差)。测量数据的处理有两种方法:数字处理(处理数据时注重有效数字)、曲线处理(利用分组平均法来修匀曲线)。

实验前应尽量做到心中有数,以便及时分析测量结果。在时间允许时,每个参数应多测几次,以便搞清实验过程中引入系统误差的因素,尽可能提高测量的准确度。应注意测量仪器、元器件的误差范围对测量的影响,正确估计方法误差的影响,应注意剔除粗差。

1.1.3　实验中操作规范和布线原则

实验中操作的正确与否对实验结果影响甚大,因此实验者须要注意按以下规程进行。

(1)搭接实验电路前,应对仪器设备进行必要的检查校准,对所用集成电路进行功能测试。

(2)搭接电路时,应遵循正确的布线原则和操作步骤(即要按照先接线后通电,做完后,先断电再拆线的步骤)。

(3)掌握科学的调试方法,有效地分析并检查故障,以确保电路工作稳定可靠。

(4)仔细观察实验现象,完整准确地记录实验数据并与理论值进行比较分析。

(5)实验完毕,经指导教师同意后,可关断电源拆除连线,整理好放在实验箱内,并将实验台清理干净、摆放整洁。

布线原则是实验操作的重要问题,应遵循便于检查、排除故障和更换器件的原则。

在数字电路实验中,由错误布线引起的故障,常占很大比例。布线错误不仅会引起电路故障,严重时甚至会损坏器件,因此,注意布线的合理性和科学性是十分必要的。正确的布线原则大致有以下几点:

(1)接插集成电路时,先校准两排引脚,使之与实验底板上的插孔对应,轻轻用力将电路插上,然后在确定引脚与插孔完全吻合后,再稍用力将其插紧,以免集成电路的引脚弯曲、折断或者接触不良。

(2)不允许将集成电路方向插反,一般 IC 的方向是缺口(或标记)朝左,引脚序号从左下方的第一个引脚开始,按逆时钟方向依次递增至左上方的第一个引脚。

(3)导线应粗细适当,一般选取直径为 0.6~0.8mm 的单股导线,最好采用各种色线以区别不同用途,如电源线用红色,地线用黑色。

(4)布线应有秩序地进行,随意乱接容易造成漏接错接。较好的方法是接好固定电平点,如电源线、地线、门电路闲置输入端、触发器异步置位复位端等;其次,在按信号源的顺序从输入到输出依次布线。

(5)连线应避免过长,避免从集成元件上方跨接,避免过多的重叠交错,以利于布线、更换元器件以及故障检查和排除。

(6)当实验电路的规模较大时,应注意集成元器件的合理布局,以便得到最佳布线。布线时,顺便对单个集成元件进行功能测试。这是一种良好的习惯,实际上这样做不会增加布线工作量。

(7)应当指出,布线和调试工作是不能截然分开的,往往须要交替进行。对大型实验元器件很多的,可将总电路按其功能划分为若干相对独立的部分,逐个布线、调试(分调),然后将各部分连接起来(联调)。

1.1.4 数字电路的测试方法

一、组合逻辑电路的测试

组合逻辑电路测试的目的是验证其逻辑功能是否符合设计要求,也就是验证其输出与输入的关系是否与真值表相符。

1.静态测试

静态测试是在电路静止状态下测试输出与输入的关系。将输入端分别接到逻辑开关上,用发光二极管分别显示各输入和输出端的状态。按真值表将输入信号一组一组地依次送入被测电路,测出相应的输出状态,与真值表相比较,借以判断此组合逻辑电路静态工作是否正常。

2.动态测试

动态测试是测量组合逻辑电路的频率响应。在输入端加上周期性信号,用示波器观察输入、输出波形。测出与真值表相符的最高输入脉冲频率。

二、时序逻辑电路的测试

时序逻辑电路测试的目的是验证其状态的转换是否与状态图相符合。可用发光二极管、数码管或示波器等观察输出状态的变化。常用的测试方法有两种:一种是单拍工作方式,以单脉冲源作为时钟脉冲,逐拍进行观测;另一种是连续工作方式,以连续脉冲源作为时钟脉冲,用示波器观察波形,判断输出状态的转换是否与状态图相符。

1.1.5　常见故障检查方法

实验中,如果电路不能完成预定的逻辑功能时,就称电路有故障。产生故障的原因大致可以归纳以下 4 个方面。

(1)操作不当(如布线错误等)。

(2)设计不当(如电路出现险象等)。

(3)元器件使用不当或功能不正常。

(4)仪器(主要指数字电路实验箱)和集成元件本身出现故障。

因此,上述 4 点应作为检查故障的主要线索,以下介绍几种常见的故障检查方法。

1.查线法

由于在实验中大部分故障都是由于布线错误引起的,因此,在故障发生时,复查电路连线为排除故障的有效方法。应着重注意有无漏线、错线,导线与插孔接触是否可靠,集成电路是否插牢、集成电路是否插反等。

2.观察法

用万用表直接测量各集成块的 V_{cc} 端是否加上电源电压;输入信号、时钟脉冲等是否加到实验电路上,观察输出端有无反应。重复测试观察故障现象,然后对某一故障状态,用万用表测试各输入/输出端的直流电平,从而判断出是否是插座板、集成块引脚连接线等原因造成的故障。

3.信号注入法

在电路的每一级输入端加上特定信号,观察该级输出响应,从而确定该级是否有故障,必要时可以切断周围连线,避免相互影响。

4.信号寻迹法

在电路的输入端加上特定信号,按照信号流向逐线检查是否有响应和是否正确,必要时可多次输入不同信号。

5.替换法

对于多输入端器件,若有多余端,则可调换另一输入端试用。必要时可更换器件,以检查器件功能不正常所引起的故障。

6.动态逐线跟踪检查法

对于时序电路,可输入时钟信号按信号流向依次检查各级波形,直到找出故障点为止。

7.断开反馈线检查法

对于含有反馈线的闭合电路,应该设法断开反馈线进行检查,或进行状态预置后再进行检查。

以上检查故障的方法,是指在仪器工作正常的前提下进行的。如果实验时电路功能测不出来,则应首先检查供电情况。若电源电压已加上,便可把有关输出端直接接到 0—1 显示器上检查;若逻辑开关无输出,或单次 CP 无输出,则是开关接触不好或是内部电路坏了,一般就是集成器件坏了。

须要强调指出,实验经验对于故障检查是大有帮助的,但只要充分预习,掌握基本理论和实验原理,就不难用逻辑思维的方法较好地判断和排除故障。

1.1.6 实验要求

(1)每次实验前必须认真预习实验指导书,准备预习报告,了解实验内容、所需实验仪器设备及实验数据的测试方法,并画好必要的记录表格,以备实验时作原始记录。实验中教师将检查学生的预习情况,未预习者不得进行实验。

(2)学生在实验中不得随意交换或搬动其他实验桌上的器材、仪器、设备。

(3)实验仪器的使用必须严格按实验指导书中说明的方法操作,特别是直流电源和函数发生器的输出端切切不可短路或过载。如因操作不认真或玩弄仪器设备造成仪器设备损坏,必须酌情作出赔偿。

(4)实验中如出现故障,应尽量自己检查诊断,找出故障原因然后排除。由于设备原因无法自行排除的,再向指导教师或实验室管理人员汇报。

(5)实验必须如实记录实验数据,积极思考,注意实验数据是否符合理论分析,随时纠正接线或操作错误。

(6)实验结束后必须先将实验数据记录提交指导教师查阅,经认可签字后才能拆线。拆线前必须确认电源已切断。离开实验室前,必须将实验桌整理规范。

(7)实验报告在课后完成,并在下次实验时上交。报告内容包括:

1)预习报告内容。

2)实验中观测和记录的数据和现象,根据数据所计算的实验结果。

3)实验内容要求的理论分析、设计电路或图表、曲线。

4)讨论实验结果、心得体会和意见、建议。

1.2 数字集成芯片基础

1.2.1 数字集成电路的分类

数字集成电路有多种分类方法,以下是几种常用的分类方法。

一、按集成电路规模的大小分类

根据集成电路规模的大小,数字集成电路通常分为小规模集成电路、中规模集成电路、大规模集成电路和超大规模集成电路。

(1)小规模集成电路通常指含逻辑门个数小于 10 门(或含元件数小于 100 个)的电路。

(2)中规模集成电路通常指含逻辑门数为 10~99 门(或含元件数 100~999 个)的电路。

(3)大规模集成电路通常指含逻辑门数为 1 000~9 999 门(或含元件数 10 000~99 999 个)的电路。

(4)超大规模集成电路通常指含逻辑门数大于 10 000 门(或含元件数大于 100 000 个)的电路。

二、按电路的功能分类

（1）门电路，如与门/与非门、或门/或非门、非门等。

（2）触发器，如锁存器、RS 触发器、D 触发器、JK 触发器等

（3）组合电路编码器，如译码器、二-十进制译码器、BCD－7 段译码器等。

（4）计数器，如二进制、十进制、N 进制计数器等。

（5）运算电路，如加/减运算电路、奇偶校验发生器、幅值比较器等。

（6）时基、定时电路，如单稳态电路 、延时电路等。

（7）寄存器，如基本寄存器、移位寄存器（单向、双向）等。

（8）存储器，如 RAM，ROM，E2PROM，Flash ROM 等。

（9）CPU。

三、按结构工艺分类

数字集成电路可以分为厚膜集成电路、薄膜集成电路、混合集成电路、半导体集成电路 4 大类，如图 1-2-1 所示。

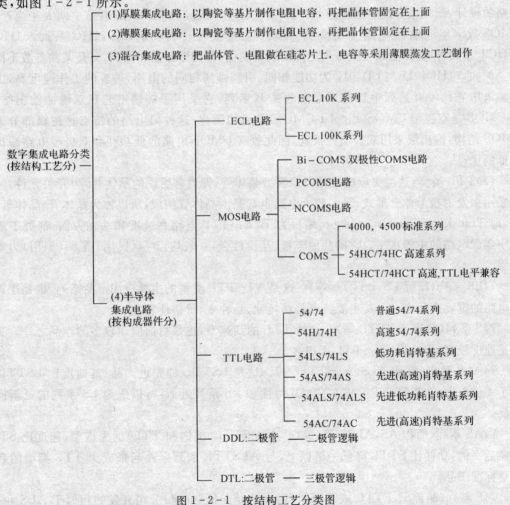

图 1-2-1　按结构工艺分类图

世界上生产最多、使用最多的为半导体集成电路。半导体数字集成电路(以下简称数字集成电路)主要分为 TTL,CMOS,ECL(Emitter Coupled Logic)三大类。ECL,TTL 为双极型集成电路,构成的基本元器件为双极型半导体器件,其主要特点是速度快、负载能力强,但功耗较大、集成度较低。双极型集成电路主要有 TTL 电路、ECL 电路和 I^2L(Integrated Injection Logic)电路等类型。其中,TTL 电路的性能价格比最佳,故应用最广泛。

(1)ECL,即发射极耦合逻辑电路,也称电流开关型逻辑电路。它是利用运算放大器原理通过晶体管射极耦合实现的门电路。在所有数字电路中,它工作速度最高,其平均延迟时间 t_{pd} 可小至 1ns。这种门电路输出阻抗低,负载能力强。它的主要缺点是抗干扰能力差,电路功耗大。

(2)MOS 电路为单极型集成电路,又称为 MOS 集成电路,它采用金属-氧化物半导体场效应管(Metal Oxide Semi-conductor Field Effect Transistor,MOSFET)制造,其主要特点是结构简单、制造方便、集成度高、功耗低,但速度较慢。MOS 集成电路又分为 PMOS(P-channel Metal Oxide Semiconductor,P 沟道金属氧化物半导体)、NMOS(N-channel Metal Oxide Semiconductor,N 沟道金属氧化物半导体)和 CMOS 等类型。MOS 电路中应用最广泛的为 CMOS 电路。CMOS 数字电路中,应用最广泛的为 4000,4500 系列,它不但适用于通用逻辑电路的设计,而且综合性能也很好,它与 TTL 电路一起成为数字集成电路中两大主流产品。CMOS 数字集成电路电路主要分为 4000(4500 系列)系列、54HC/74HC 系列、54HCT/74HCT 系列等,实际上这三大系列之间的引脚功能、排列顺序是相同的,只是某些参数不同而已。例如,74HC4017 与 CD4017 为功能相同、引脚排列相同的电路,前者的工作速度高,工作电源电压低。4000 系列中目前最常用的是 B 系列,它采用了硅栅工艺和双缓冲输出结构。Bi-CMOS 是双极型 CMOS(Bipolar-CMOS)电路的简称,这种门电路的特点是逻辑部分采用 CMOS 结构,输出级采用双极型三极管,因此兼有 CMOS 电路的低功耗和双极型电路输出阻抗低的优点。

(3)TTL 类型,这类集成电路是以双极型晶体管(即通常所说的晶体管)为开关元件,输入级采用多发射极晶体管形式,开关放大电路也都是由晶体管构成,所以称为晶体管-晶体管-逻辑,即 Transistor-Transistor-Logic,缩写为 TTL。TTL 电路在速度和功耗方面,都处于现代数字集成电路的中等水平。它的品种丰富、互换性强,一般均以 74(民用)或 54(军用)为型号前缀。

74LS 系列(简称 LS,LSTTL 等)。这是现代 TTL 类型的主要应用产品系列,也是逻辑集成电路的重要产品之一。其主要特点是功耗低、品种多、价格便宜。

74S 系列(简称 S,STTL 等)。这是 TTL 的高速型,也是目前应用较多的产品之一。其特点是速度较高,但功耗比 LSTTL 大得多。

74ALS 系列(简称 ALS,ALSTTL 等)。这是 LSTTL 的先进产品,其速度比 LSTTL 提高了一倍以上,功耗降低了一倍左右。其特性和 LS 系列近似,所以成为 LS 系列的更新换代产品。

74AS 系列(简称 AS,ALSTTL 等)。这是 STTL(抗饱和 TTL)的先进型,速度比 STTL 提高近一倍,功耗比 STTL 降低一倍以上,与 ALSTTL 系列合并起来成为 TTL 类型的新的主要标准产品。

74F 系列(简称 F,FTTL 或 FAST 等)。这是美国(仙童)公司开发的相似于 ALS 和 AS

的高速类 TTL 产品,性能介于 ALS 和 AS 之间,已成为 TTL 的主流产品之一。

1.2.2　数字集成电路性能比较和参数说明

一、各类数字集成电路性能比较

为了系统地掌握各类数字集成电路的主要性能,便于实际应用时选择合适的器件,现将各类数字电路的主要性能和特点进行比较,如表 1-2-1 所示。

表 1-2-1　各类数字电路的性能

性能名称	单　位	LSTTL	ECL	PMOS	NMOS	CMOS
主要特点		高速低功耗	超高速	低速廉价	高集成度	微功耗、高抗干扰
电源电压	V	5	−5.2	+20	12.5	3~18
门平均延迟时间	ns	9.5	2	1 000	100	50
单门静态功耗	mW	2	25	5	0.5	0.01
速度·功耗积	pJ	19	50	100	10	0.5
直流噪声容限	V	0.4	0.145	2	1	电源的 40%
扇出能力		10~20	100	20	10	1 000

二、主要参数说明

下面对表 1-2-1 中所列的主要性能作一说明。

表 1-2-1 所列出的各种技术数据均为一般产品的平均数据,与各公司生产的各品种的集成电路实际情况有可能不完全相同,因而具体选用时,还须查更详细的资料。

(1)电源电压。TTL 类型的标准工作电压都是 +5V,其他逻辑器件的工作电压一般都有较宽的允许范围。特别是 MOS 器件,如 CMOS 中的 4000B 系列可以工作在 3~18V;PMOS 一般可工作在 10~24V;HCMOS 系列为 2~6V。另外,在使用各种器件组成系统时,要注意各种相互连接的器件必须使用同一电源电压,否则,就可能不满足 0,1(或 L,H)电平的定义范围,而造成工作异常。

(2)单门平均延时。单门平均延时是指门传输延迟时间的平均值 t_{pd},它是衡量电路开关速度的一个动态参数,用以说明一个脉冲信号从输入端经过一个逻辑门,再从输出端输出要延迟多少时间。把输出电压下降边的 50% 对于输入电压上升边的 50% 的时间间隔称为导通延迟时间,即 t_{PHL},把输出电压上升边的 50% 对于输入电压下降边的 50% 的时间间隔称为关闭延迟时间,即 t_{PLH}。平均延迟时间 t_{pd} 定义为

$$t_{pd} = (t_{PHL} + t_{PLH})/2$$

如 TTL 与非门,一般要求 $t_{pd}=10\sim40$ns 之间,通常把 t_{pd} 为 $40\sim160$ns 的称为低速集成电路,$15\sim40$ns 的称为中速集成电路,$6\sim15$ns 的称为高速集成电路,$t_{pd}\leqslant6$ns 的称为甚高速集成电路。由表 1-2-1 可见,ECL 的速度最高,而 PMOS 的速度最低。

(3)单门静态功耗。单门静态功耗是指单门的直流功耗,它是衡量一个电路质量好坏的重要参数。静态功耗等于工作电源电压及其泄漏电流的乘积,一般说静态功耗越小,电路的质量越好,由表 1-2-1 可知 CMOS 电路静态功耗是极微小的,因此对于一个由 CMOS 器件组成的工作系统来说,静态功耗与总功耗相比常可以忽略不计。

(4)速度·功耗积(S·P)。速度功耗积也叫时延·功耗积,它是衡量逻辑集成电路性能优劣的一个很重要的基本特征参数。不论何种数字集成电路,其平均延迟时间都要受到消耗功率的制约。一定形式的数字逻辑电路,其消耗功率的大小约反比于平均延时,因此,一般用每门(电路)的平均延迟时间 t_{pd} 与功耗 P_d 的乘积来表征数字集成电路的优劣,这个乘积就是速度·功耗(S·P),即

$$S\cdot P=t_{pd}\cdot P_d$$

式中,S·P 的单位为 pJ(皮焦耳),t_{pd} 的单位为 ns,P_d 的单位为 mW。通常,S·P 越小,电路性能越好。在选用电路时,S·P 是一个须要考虑的重要参数。但一般不能仅仅依据 S·P 来选择,还必须根据实际情况,同时兼顾速度(或功耗)、抗干扰性能和价格等因素。

(5)直流噪声容限。直流噪声容限又称抗干扰度,它是度量逻辑电路在最坏工作条件下的抗干扰能力的直流电压指标。该电压值常用 V_{NM} 表示或 V_{NL} 及 V_{NH} 表示,它是指逻辑电路输入与输出各自定义 1 电平和 0 电平的差值大小。TTL 类电路只能用 5V 电源,输入 1 电平定义为大于或等于 2V,0 电平定义为小于或等于 0.8V,输出电平定义是 1 电平大于或等于 2.7V,0 电平小于或等于 0.4V,所以 1 电平的 $V_{NH}=2.7-2=0.7$V,0 电平的 $V_{NL}=0.8-0.4=0.4$V。对 ECL 类来说,电源多用 -5.2V,$V_{NH}\approx-1-(-1.1)=0.1$V,$V_{NL}\approx-1.5-(-1.6)=0.1$V。CMOS 及 HCMOS 可以在很宽的范围内工作,输出电平接近电源电压范围,而输入电平范围不论 1 电平还是 0 电平,均可达到 $45\%V_{CC}$,也就是 $V_{NM}\approx45\%V_{CC}$,最低限度可以达到 $V_{NL}\geqslant19\%V_{CC}$,$V_{NH}\geqslant29\%V_{CC}$。$V_{CC}$ 越高则噪声容限也越大,也即 V_{CC} 高则抗干扰能力强。

(6)扇出能力。扇出能力也就是输出驱动能力,它是反映电路带负载能力大小的一个重要参数,表示输出可以驱动同类型器件的数目。如 TTL 标准门电路的扇出能力为 10,就表示这个门电路的输出最多可以和 10 个同类型的门电路的标准输入端连接。表 1-2-1 中所列出的是各种数字集成电路的直流扇出能力的理论值,对于 CMOS,HCMOS 来说,静态时扇出能力很大,尽管输出电流一般仅在 0.5mA 以内,但因其输入电流仅有几纳安(nA)上下,所以,直流扇出能力可达 1 000 以上,甚至更大。但是它们的交流(动态)扇出能力就没有这么高,要根据工作频率(速度)和输入电容量(一般约 5pF)来考虑决定。

在微机系统的接口电路中,常用 CMOS(HCMOS)电路驱动 TTL 一类电路,表 1-2-2 给出了 CMOS 驱动 LS-TTL 和 S-TTL 的输入端数目的比较。其中,4049UB 因内部无输出缓冲级(型号尾带 U 的是仅一级 CMOS 反相器),虽对直流来说也能驱动一个 S-TTL 的输入端,但由于 CMOS 的上升/下降延迟时间长,用于驱动 S-TTL 是不合适的。

表 1-2-2　**CMOS 的驱动能力**

接收端驱动源	举例芯片	LS-TTL	S-TTL
4000B 系列	4011B	1	0
	4049UB	8	1
TC40H 系列 CC40H 系列	TC40H000	2	0
	TC50H000	5	1
74HC 系列	74HC00	10	2
LS-TTL 系列	74LS00	20	4

从表 1-2-2 中可以看出,74HC 的驱动能力接近 LS-TTL,40H 系列的驱动能力较次。另外,ECL 电路的直流扇出能力也是比较大的,这是由于 ECL 电路的输入阻抗高,输出阻抗低所致。但是,ECL 电路的实际扇出能力还要受到交流因素的制约,一般来说主要受容性负载的影响(ECL10K 系列每门输入电容约为 3pF),因为电路的交流性能与容性负载直接有关,容性负载越大,交流性能就越差。所以,在实际应用中,为了使电路获得良好的交流性能,一般希望将门的负载数(扇出数)控制在 10 个以内。

1.2.3　集成电路外引线的识别

使用集成电路前,必须认真查对、识别集成电路的引脚,确认电源、地、输入、输出、控制等端的引脚号,以免因接错而损坏器件。引脚排列的一般规律为:

圆形集成电路:识别时,面向引脚正视,从定位销顺时针方向依次为 1,2,3,…,如图 1-2-2(a)所示。圆形多用于集成运算放大器等电路。

扁平和双列直插型集成电路:识别时,将文字、符号标记正放(一般集成电路上有一圆点或有一缺口,将圆点或缺口置于左方),由顶部俯视,从左下脚起,按逆时针方向数,依次为 1,2,3,…,如图 1-2-2(b)所示。在标准形 TTL 集成电路中,电源端 Vcc 一般排列在左上端,接地端 GND 一般排在右下端,如 74LS00 为 14 脚芯片,14 脚为 Vcc,7 脚为 GND。若集成电路芯片引脚上的功能标号为 NC,则表示该引脚为空脚,与内部电路不连接。

扁平型多用于数字集成电路,双列直插型广泛用于模拟和数字集成电路。

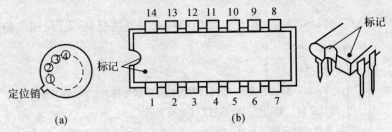

图 1-2-2　集成电路外引线的识别

(a)圆型;　(b)扁平和双列直插型

1.2.4 常用集成电路命名规则

数字集成电路的型号组成一般由前缀、编号、后缀三大部分组成。前缀代表制造厂商,编号包括产品系列号、器件系列号,后缀一般表示温度等级、封装形式等。

(1) TTL 74 系列数字集成电路型号的组成及符号的意义(见表1-2-3)。

表1-2-3 TTL74系列数字集成电路型号的组成及符号的意义

第1部分	第2部分		第3部分		第4部分		第5部分	
	产品系列		器件类型		器件功能		封装形式、温度范围	
前缀	符号	意义	符号	意义	符号	意义	符号	意义
代表制造厂商	54	军用电路 −55～+125℃		标准电路	阿拉伯数字	器件功能	W	陶瓷扁平
			H	高速电路			B	塑封扁平
			S	肖特基电路			F	全密封扁平
	74	民用通用电路	LS	低功耗肖特基电路			D	陶瓷双列直插
			ALS	先进低功耗肖特基电路			P	塑封双列直插
			AS	先进肖特基电路				

(2)4000 系列集成电路的组成及符号意义(见表1-2-4)。

表1-2-4 4000系列CMOS器件型号的组成及符号意义

第1部分		第2部分		第3部分		第4部分	
型号前缀的意义		器件系列		器件种类		工作温度范围、封装形式	
代表制造厂商		符号	意义	符号	意义	符号	意义
CD	美国无线电					C	0～70℃
CC	中国制造	40	产品系列号	阿拉伯数字	器件功能	E	−40～85℃
TC	日本东芝产品	45				R	−55～85℃
MC1	摩托罗拉公司					M	−55～125℃

举例说明如下:CT74LS00P 为国产的(采用塑料双列直插封装)TTL 四 2 输入与非门。

CT 74 LS 00 P

封装形式P:塑料双列直插封装器件种类,四2输入与非门

器件系列:低功耗肖特基74TTL电路系列

产品系列:74系列

制造厂商CT:国产TTL电路

同一型号的集成电路原理相同,通常又冠以不同的前缀、后缀。前缀代表制造商(有部分型号省略了前缀),后缀代表器件工作温度范围或封装形式。由于制造厂商繁多,加之同一型号又分为不同的等级,因此,同一功能、型号的 IC 其名称的书写形式多样,如 CMOS 双 D 触发器 4013 有以下型号:

CD4013AD, CD4013AE, CD4013CJ, CD4013CN, CD4013BD, CD4013BE, CD4013BF, CD4013UBD, CD4013UBE, CD4013BCJ, CD4013BCN;

HFC4013, HFC4013BE, HCF4013BF, HCC4013BD/BF/BK, HEF4013BD/BP, HBC4013AD/AE/AK/AF, SCL4013AD/AE/AC/AF, MB84013/M, MC14013CP/ BCP, TC4013BP。

一般情况下,这些型号之间可以彼此互换使用。

第2部分 数字电子技术实验

实验2.1 门电路逻辑功能测试与基本电路设计

【实验目的】

(1)熟悉数字逻辑实验箱的结构、基本功能和使用方法。

(2)掌握常用非门、与非门、或非门、与或非门、异或门的逻辑功能及其测试方法。

(3)掌握基本逻辑电路连接方法和调试技巧。

【预习要求】

(1)阅读集成逻辑门电路功能及使用方法。

(2)掌握集成逻辑门电路功能的测试方法。

(3)重点预习并设计绘制实验内容4中电路。

【实验原理】

1. TTL门电路的工作原理

(1)TTL门电路根据输出方式的不同,分为普通输出的门电路、集电极开路输出的门电路(OC门)、三态输出的门电路(三态门)。为了正确使用门电路,必须了解它们的逻辑功能及其测试方法。

(2)OC门线与逻辑。OC门是指集电极开路TTL门,这种电路的最大特点是可以实现线与逻辑。即:几个OC门的输出端可以直接连在一起,通过一只上拉电阻接到电源V_{CC}上,用于实现与逻辑。此外,OC门还可以用来实现电平移位功能。与OC门相对应,CMOS电路也有漏极开路输出的电路。其特点也和OC门类似。

集电极开路的门可以根据需要来选择上拉电阻和电源电压,并且能够实现多个信号间的相与关系(称为线与)。使用OC门时必须注意合理选择上拉电阻,才能实现正确的逻辑关系。

(3)三态输出与非门是一种重要的接口电路,在计算机和各种数字系统中应用极为广泛,它具有三种输出状态,除了输出端为高电平和低电平(这两种状态均为低电阻状态)外,还有第三种状态,通常称为高阻状态或称为开路状态。改变控制端(或称选通端)的电平可以改变电路的工作状态。三态门可以同OC门一样把若干个门的输出端并接到同一公用总线上(称为线或),分时传送数据,成为TTL系统和总线的接口电路。

(4)TTL集成电路除了标准系列外,还有其他四种系列:高速TTL(74H系列),低功耗TTL(74L系列),肖特基系列TTL(74S系列),低功耗肖特基TTL(74LS系列)。

2．使用注意事项

(1)通常 TTL 电路要求电源电压 $V_{CC} = 5V \pm 0.25V$。

(2)TTL 电路输出端不允许与电源短路，但可以通过上拉电阻连到电源，以提高输出高电平。

(3)TTL 电路不使用的输入端，通常有两种处理方法：一是与其他使用的输入端并联；二是把不用的输入端按其逻辑功能特点接至相应的逻辑电平上，不宜悬空。

(4)TTL 电路对输入信号边沿的要求。通常要求其上升沿或下降沿小于 $50 \sim 100 ns/V$。当外加输入信号边沿变化很慢时，必须加整形电路(如施密特触发器)。

3．集成门电路管脚图

图 2－1－1 所示为几种集成门电路使用的芯片管脚图。

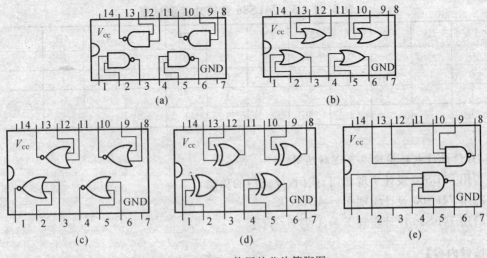

图 2－1－1　使用的芯片管脚图

(a)74LS00；　(b)74LS32；　(c)74LS02；　(d)74LS86；　(e)74LS20

【实验内容】

1．测试 74LS04(六非门)的逻辑功能

将 74LS04 正确接入面包板，注意识别 1 脚位置(集成块正面放置且缺口向左，则左下角为 1 脚)，按表 2－1－1 要求输入高、低电平信号，测出相应的输出逻辑电平。写出逻辑表达式为 $Y =$ _____。

表 2－1－1　74LS04 逻辑功能测试表

1A	1Y	2A	2Y	3A	3Y	4A	4Y	5A	5Y	6A	6Y
0		0		0		0		0		0	
1		1		1		1		1		1	

2．测试 74LS00(四 2 输入端与非门)逻辑功能

将 74LS00 正确接入面包板，注意识别 1 脚位置，按表 2－1－2 要求输入高、低电平信号，测出相应的输出逻辑电平。写出逻辑表达式为 $Y =$ _____。

表 2 - 1 - 2   74LS00 逻辑功能测试表

1A	1B	1Y	2A	2B	2Y	3A	3B	3Y	4A	4B	4Y
0	0		0	0		0	0		0	0	
0	1		0	1		0	1		0	1	
1	0		1	0		1	0		1	0	
1	1		1	1		1	1		1	1	

3. 测试 74LS86(四异或门) 逻辑功能

将 74LS86 正确连接电路, 注意识别 1 脚位置, 按表 2 - 1 - 3 要求输入信号, 测出相应的输出逻辑电平。写出逻辑表达式为 $Y =$ _____。

表 2 - 1 - 3   74LS86 逻辑功能测试表

1A	1B	1Y	2A	2B	2Y	3A	3B	3Y	4A	4B	4Y
0	0		0	0		0	0		0	0	
0	1		0	1		0	1		0	1	
1	0		1	0		1	0		1	0	
1	1		1	1		1	1		1	1	

4. 自行设计电路实现以下逻辑运算

(1) 用 74LS00 设计实现非门、或门、异或门的功能;

(2) 用 74LS00 设计实现 $Y = AB + BC$;

(3) 用 74LS86 设计实现 $Y = A \oplus B \oplus C$。

【选做内容】

1. 利用与非门控制输出

用一片 74LS00 按图 2 - 1 - 2(a),(b)接线, 脉冲信号 S 接 1Hz 固定脉冲, A 端接开关信号, Y 输出接发光二极管, 用肉眼观察输出 Y 的变化, 说明 A 对输出脉冲的控制作用。

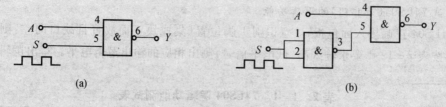

(a)   (b)

图   2 - 1 - 2

2. TTL 门电路多余输入端的处理方法

将 74LS00 和 74LS02 按图 2 - 1 - 3 所示连线后, A 输入端分别接地、高电平、悬空、与 B 端并接, 观察当 B 端输入信号分别为高、低电平时, 相应输出端的状态, 并填入表 2 - 1 - 4 中, 做出归纳总结。

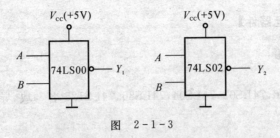

图 2-1-3

表 2-1-4　多余端处理实验数据表

输　　入		输　　出	
A	B	74LS00 Y_1	74LS02 Y_2
接地	0		
	1		
高电平	0		
	1		
悬空	0		
	1		
A,B 并接	0		
	1		

3. TTL 三态门逻辑功能测试

将 TTL 三态门 74LS125 和反相器按图 2-1-4 连线,输入端 A,B,C 分别接逻辑开关,输出端接发光二极管,改变控制端 C 和输入信号 A,B 的高、低电平,观察输出状态,并填入表 2-1-5 中。

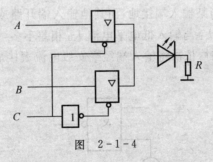

图 2-1-4

表 2-1-5　三态门数据表

C	A	B	Y	表达式
0	0	1	0	
0	1			
1	0	1		
1	1	0		

【实验仪器设备及元器件】

(1)数字逻辑实验箱。

(2)万用表。

(3)元器件:74LS00,74LS02,74LS04,74LS86,74LS125 各一块,导线若干。

【思考题】

(1)怎样判断门电路逻辑功能是否正常?

(2)与非门的一个输入接连续脉冲,其余端是什么状态时允许脉冲通过? 什么状态时禁止脉冲通过?

(3)异或门又称可控反相门,为什么?

实验 2.2 集成逻辑门电路的参数测试

【实验目的】

掌握 TTL 与非门的主要参数和静态特性的测试方法,并加深对各参数意义的理解。

【预习要求】

(1)阅读集成逻辑门电路功能及使用方法。

(2)掌握集成逻辑门电路参数的测试方法。

【实验内容】

1. 输入短路电流 I_{IS}

输入短路电流 I_{IS} 是指当某输入端接地,而其他输入端开路或接高电平时,流过该接地输入端的电流。输入短路电流 I_{IS} 与输入低电平电流 I_{IL} 相差不多,一般不加以区分。按图 2-2-1 所示方法,在输出端空载时,依次将输入端经毫安级电流表接地,测得各输入端的输入短路电流,并填入表 2-2-1 中。

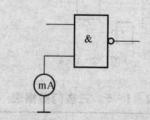

图 2-2-1 输入短路电流测试电路

表 2-2-1

输入端	1	2	4	5	9	10	12	13
I_{IS}								

2. 静态功耗

按图 2-2-2(a),(b)各自接好电路,分别测量输出低电平和高电平时的电源电流 I_{CCH}, I_{CCL},于是有

$$P_o = \frac{I_{CCH} + I_{CCL}}{2} V_{CC}$$

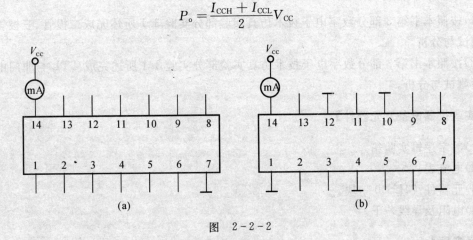

图　2-2-2

3. 电压传输特性的测试

电压传输特性描述的是与非门的输出电压 u_o 随输入 u_i 的变化情况,即 $u_o = f(u_i)$。

按图 2-2-3 接好电路,调节电位器,使输入电压、输出电压分别按表 2-2-2 中给定的各值变化,测出对应的输出电压或输入电压的值,填入表 2-2-2 中。根据测试的数值,画出电压传输特性曲线。

表　2-2-2

u_i/V	0	0.4	0.8			1.8	2.0	2.4
u_o/V				2.4	0.4			

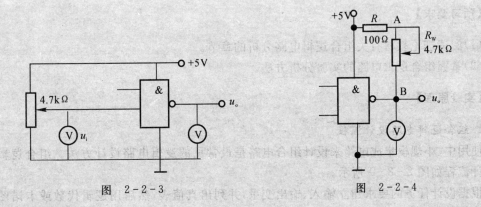

图　2-2-3　　　　　　　　　图　2-2-4

4. 最大灌电流 I_{OLmax} 的测量

按图 2-2-4 接好电路,调整 R_w,用电压表监测输出电压 u_o。当 $u_o = 0.4V$ 时,停止改变 R_w,将 A,B 两点从电路中断开,用万用表的电阻挡测量 R_w,利用公式 $I_{OLmax} = \dfrac{V_{CC} - 0.4}{R + R_w}$,计算

I_{OLmax}，然后计算扇出系数 $N = \dfrac{I_{OLmax}}{I_{IS}}$。

【选做内容】

(1)按照本书第 3 部分数字电子技术仿真实验部分实验 3.1 所述完成二极管、三极管开关特性测试与分析。

(2)按照本书第 3 部分数字电子技术仿真实验部分实验 3.1 所述完成 TTL 与非门电压传输特性测试与分析。

【实验仪器设备及元器件】

(1)数字逻辑实验箱。

(2)电流表。

(3)元器件：74LS00 一块。

(4)电阻及导线若干。

【思考题】

(1)TTL 电路扇出系数如何计算，与哪些电流参数有关？

(2)实验中所得 I_{CCL} 和 I_{CCH} 为整个器件值，单个门电路的 I_{CCL} 和 I_{CCH} 应该如何计算？

实验 2.3　　组合逻辑电路设计

【实验目的】

(1)掌握组合逻辑电路的设计方法及功能测试方法。

(2)熟悉组合电路的特点。

【预习要求】

(1)阅读理论教材有关组合逻辑电路分析的章节。

(2)掌握组合逻辑电路的实验分析方法。

【实验原理】

1.组合逻辑电路设计流程

使用中、小规模集成电路来设计组合电路是最常见的逻辑电路设计方法。组合逻辑电路的设计流程如图 2 - 3 - 1 所示。

根据设计任务的要求建立输入、输出变量，并列出真值表，然后用逻辑代数或卡诺图化简法求出简化的逻辑表达式，并按实际选用逻辑门的类型修改逻辑表达式。根据修改后的逻辑表达式，画出逻辑图，用标准器件构成逻辑电路。最后，用实验来验证设计的正确性。

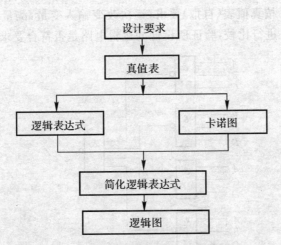

图 2-3-1 组合逻辑电路设计流程图

2.组合逻辑电路设计举例

用与非门设计一个表决电路。当四个输入端中有三个或四个为"1"时,输出端才为"1"。

设计步骤:根据题意列出真值表,如表 2-3-1 所示,再填入卡诺图表 2-3-2 中。

表 2-3-1 表决电路真值表

D	0	0	0	0	0	0	0	0	1	1	1	1	1	1	1	1
C	0	0	0	0	1	1	1	1	0	0	0	0	1	1	1	1
B	0	0	1	1	0	0	1	1	0	0	1	1	0	0	1	1
A	0	1	0	1	0	1	0	1	0	1	0	1	0	1	0	1
Z	0	0	0	0	0	0	0	1	0	1	0	1	1	1	1	1

表 2-3-2 表决电路卡诺图

DC＼BA	00	01	11	10
00	0	0	0	0
01	0	0	1	0
11	0	1	1	1
10	0	0	1	0

由卡诺图得出逻辑表达式,并演化成与非的形式

$$Z = ABC + BCD + ACD + ABD = \overline{\overline{ABC} \cdot \overline{BCD} \cdot \overline{ACD} \cdot \overline{ABC}}$$

根据逻辑表达式画出用与非门构成的逻辑电路,如图 2-3-2 所示。

用实验验证逻辑功能,在实验装置适当位置选定 3 个 14P 插座,按照集成块定位标记插好集成块 74LS20。按图 2-3-2 接线,输入端 A,B,C,D 接至逻辑开关输出插口,输出端 Z 接逻

辑电平显示输入插口。按真值表(自拟)要求,逐次改变输入变量,测量相应的输出值,验证逻辑功能。与表 2-3-1 进行比较,验证所设计的逻辑电路是否符合要求。

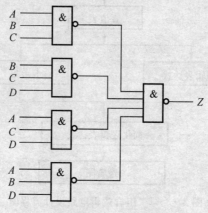

图 2-3-2 表决电路逻辑图

【实验内容】

1. 用四 2 输入异或门(74LS86)和四 2 输入与非门(74LS00)设计一个一位全加器

(1)列出真值表,请填写(见表 2-3-3)。其中,A_i,B_i,C_i 分别为一个加数、另一个加数、低位向本位的进位;S_i,C_{i+1} 分别为本位和、本位向高位的进位。

表 2-3-3 全加器真值表

A_i	B_i	C_i	S_i	C_{i+1}
0	0	0		
0	0	1		
0	1	0		
0	1	1		
1	0	0		
1	0	1		
1	1	0		
1	1	1		

(2)由表 2-3-3 全加器真值表写出函数表达式。

$C_{i+1} = $ _____

$S_i = $ _____

(3)将上面两逻辑表达式转换为能用四 2 输入异或门(74LS86)和四 2 输入与非门(74LS00)实现的表达式。

$C_{i+1} = $ _____

$S_i = $ _____

（4）画出设计后的逻辑电路图，可参考图 2-3-3，并在图中标明芯片引脚号。按图选择需要的集成块及门电路连线，将 A_i, B_i, C_i 接逻辑开关，输出 S_i, C_{i+1} 接发光二极管。改变输入信号的状态验证真值表。

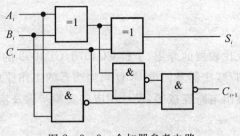

图 2-3-3　全加器参考电路

2. 用 74LS00 及 74LS20 设计一个组合逻辑电路

设 A, B, C, D 代表 4 位二进制数码，$X = 8A + 4B + 2C + D$，当输入数 $4 < X \leqslant 15$ 时，它的输出 $Y = 1$，否则为 0。

（1）列出真值表。

（2）由真值表用卡诺图写出逻辑表达式。

（3）画出逻辑电路接线图。

（4）自拟记录表格验证。

【选做内容】

在一个射击游戏中，每人可打三枪，一枪打鸟（A），一枪打鸡（B），一枪打兔子（C）。规则是：打中两枪并且其中有一枪必须是打中鸟者得奖（Z）。试用与非门设计判断得奖的电路。（请按照设计步骤独立完成）

【实验仪器设备及元器件】

（1）数字逻辑实验箱。

（2）万用表。

（3）元器件：74LS00，74LS20，74LS86。

（4）电阻及导线若干。

【思考题】

设计一个对两个两位无符号的二进制数进行比较的电路；根据第一个数是否大于、等于、小于第二个数，使相应的 3 个输出端中的一个输出为"1"，要求用与门、与非门及或非门实现。

实验 2.4　利用 CMOS MSI 设计组合应用电路

【实验目的】

（1）掌握组合逻辑电路的设计方法；

(2)熟悉 COMS MSI 的工作原理和功能特点；

(3)掌握 MSI 的应用及逻辑电路的调试方法；

(4)进一步提高排除数字电路故障的能力。

【预习要求】

(1)阅读关于全加器及比较器的介绍，了解 CC4070，CD4008 的功能及使用方法。

(2)掌握 4 位二进制加/减法器及四位 BCD 码加法器的工作原理和设计方法。

(3)按设计任务要求画出电路连接图，设计相应的实验步骤及实验表格。

【实验内容】

(一)基本要求

1.4 位二进制加/减法器

利用 4 位全加器 CD4008 和四异或门 CC4070(其引出端功能如图 2-4-1 所示)构成 4 位二进制加/减法器。

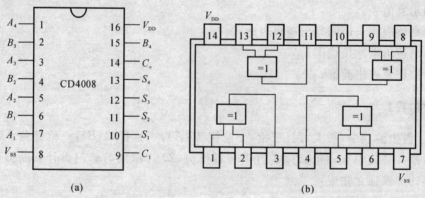

(a)	(b)

图 2-4-1　CD4008 及 CC4070 引出端功能图

(1)按图 2-4-2 连接实验电路，将 CD4008 的输入接数字逻辑实验箱上的逻辑开关，输出接指示灯，V_{DD}接 +5V 电源，V_{SS}接地。

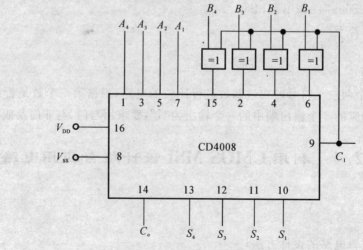

图 2-4-2　4 位二进制加/减法器

（2）令 $C_1 = 0$，按表 3-4-1 给定的加数和被加数，观察输出结果，依次记录于表 3-4-1 的加运算栏中。

（3）令 $C_1 = 1$，按表 3-4-1 给定的减数和被减数，观察输出结果，依次记录于表 3-4-1 的减运算栏中。

表 3-4-1　4 位二进制加/减运算

被加数（被减数）					加数（减数）					输出（加运算，$C_1 = 0$）						输出（减运算，$C_1 = 1$）					
A_4	A_3	A_2	A_1	十进制	B_4	B_3	B_2	B_1	十进制	C_o	S_4	S_3	S_2	S_1	十进制	C_o	S_4	S_3	S_2	S_1	十进制
1	0	1	0	10	1	1	1	1	15												
0	1	0	1	5	0	1	0	0	4												
0	1	1	1	7	0	1	1	1	7												
1	0	0	0	8	0	1	0	1	5												
0	1	1	0	6	1	0	0	1	9												
1	1	1	0	14	0	1	1	1	7												
1	0	1	1	11	0	0	0	0	0												
0	0	1	0	2	0	1	0	0	4												
1	1	1	1	15	1	1	1	0	14												

2. 位数值比较器 CD4585 的功能研究

（1）按图 2-4-3 连接实验电路。

（2）给定输入变量 A，B 的不同组合，观察输出指示，记录结果，讨论其功能。

（二）较高要求

1. 设计任务

（1）用两片全加器和门电路，设计一个 4 位 BCD 码加法器电路。

（2）利用 4 位数值比较器，分别设计一个串联式的 16 位数值比较器和并联式的 16 位数值比较器。

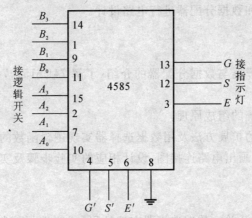

图 2-4-3　4 位数值比较器的功能研究

2.设计要求

(1)根据任务要求写出设计步骤,选定器件;

(2)根据所选器件画出电路图;

(3)写出实验步骤和测试方法,设计实验记录表格;

(4)进行安装、调试及测试,排除实验过程中的故障;

(5)分析、总结实验结果。

【实验仪器设备及元器件】

(1)直流稳压电源。

(2)数字逻辑实验箱。

(3)数字万用表。

(4)集成电路 CD4008,CD4585,CC4070 及相关集成门电路。

【思考题】

(1)如何用两片 CD4008 实现 8 位二进制数加法? 画出电路图。

(2)为什么异或门可用做非门,如何使用? 为什么?

(3)用全加器实现两数相减时,结果的符号如何判断?

(4)为什么 CMOS 门电路输入端不能悬空?

(5)为什么 CMOS 门电路的输入端通过电阻接地时,总是相当于低电平?

实验 2.5 数据选择器应用电路设计

【实验目的】

(1)了解数据选择器与数据分配器的工作原理。

(2)熟悉数据选择器和数据分配器的应用。

(3)学习用数据选择器和数据分配器构成八路数据传输系统的方法。

(4)利用数据选择器和数据分配器进行电路设计。

【预习要求】

(1)阅读有关数据选择器与数据分配器的介绍,了解 74LS151,74LS153 及 74LS138 的功能及使用方法。

(2)掌握数据传输系统的组成原理。

(3)掌握数据选择器的扩展方法及用数据选择器实现逻辑函数的方法。

(4)按设计任务要求,画出电路连接图,设计相应的实验步骤及实验表格。

【实验原理】

数据选择器又叫多路开关。数据选择器在地址码(或叫选择控制)电位的控制下,从几个数据输入中选择一个并将其送到一个公共的输出端。数据选择器的功能类似一个多掷开关,

如图 $2-5-1$ 所示。图中有四路数据 $D_0 \sim D_3$，通过选择控制信号 A_1, A_0（地址码）从四路数据中选中某一路数据送至输出端 Q。数据选择器为目前逻辑设计中应用十分广泛的逻辑部件，它有 2 选 1、4 选 1、8 选 1、16 选 1 等类别。数据选择器的电路结构一般由与或门阵列组成，也有用传输门开关和门电路混合而成的。

1. 8 选 1 数据选择器 74LS151

74LS151 为互补输出的 8 选 1 数据选择器，引脚排列如图 $2-5-2$ 所示，功能如表 $2-5-1$ 所示。选择控制端（地址端）为 $A_2 \sim A_0$，按二进制译码，从 8 个输入数据 $D_0 \sim D_7$ 中，选择一个需要的数据送到输出端 Q，$\overline{S}$ 为使能端，低电平有效。

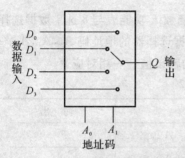

图 $2-5-1$　4 选 1 数据选择器示意图

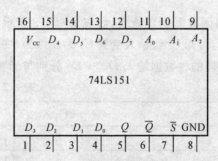

图 $2-5-2$　74LS151 引脚排列（8 选 1）

表 $2-5-1$　8 选 1 数据选择器 74LS151 真值表

输　入				输　出	
$\overline{S}$	A_2	A_1	A_0	Q	$\overline{Q}$
1	$\times$	$\times$	$\times$	0	1
0	0	0	0	D_0	$\overline{D_0}$
0	0	0	1	D_1	$\overline{D_1}$
0	0	1	0	D_2	$\overline{D_2}$
0	0	1	1	D_3	$\overline{D_3}$
0	1	0	0	D_4	$\overline{D_4}$
0	1	0	1	D_5	$\overline{D_5}$
0	1	1	0	D_6	$\overline{D_6}$
0	1	1	1	D_7	$\overline{D_7}$

2. 双 4 选 1 数据选择器 74LS153

所谓双 4 选 1 数据选择器就是在一块集成芯片上有两个 4 选 1 数据选择器。引脚排列如图 $2-5-3$ 所示。

3. 数据选择器的应用——实现逻辑函数

用 8 选 1 数据选择器 74LS151 实现函数

$$F = A\overline{B} + \overline{A}C + B\overline{C}$$

采用 8 选 1 数据选择器 74LS151 可实现任意三输入变量的组合逻辑函数。

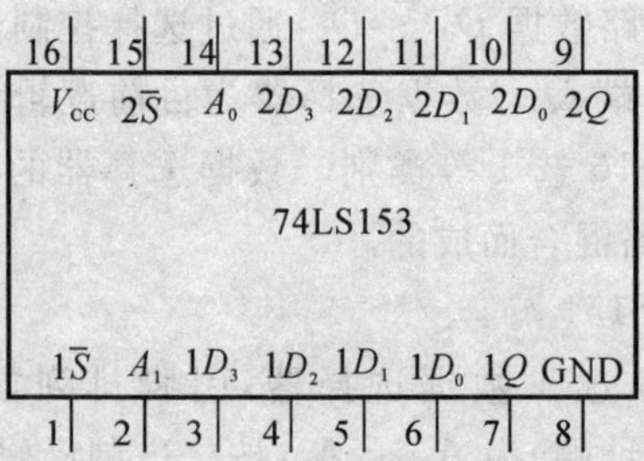

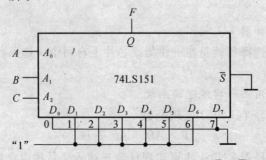

图 2-5-3 74LS153 引脚排列（双 4 选 1）

作出函数 F 的功能表，如表 2-5-2 所示。将函数 F 功能表与 8 选 1 数据选择器的功能表相比较，可知 ① 将输入变量 C,B,A 作为 8 选 1 数据选择器的地址码 A_2,A_1,A_0；② 使 8 选 1 数据选择器的各数据输入 $D_0 \sim D_7$ 分别与函数 F 的输出值一一相对应。

表 2-5-2

输　入			输　出
C	B	A	F
0	0	0	0
0	0	1	1
0	1	0	1
0	1	1	1
1	0	0	1
1	0	1	1
1	1	0	1
1	1	1	0

$$A_2 A_1 A_0 = CBA$$
$$D_0 = D_7 = 0$$
$$D_1 = D_2 = D_3 = D_4 = D_5 = D_6 = 1$$

则 8 选 1 数据选择器的输出 Q 便实现了函数

$$F = A\bar{B} + \bar{A}C + B\bar{C}$$

接线图如图 2-5-4 所示。

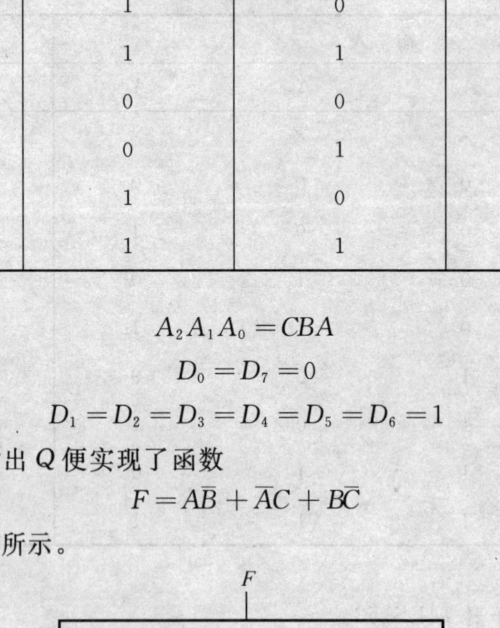

图 2-5-4 用 8 选 1 数据选择器实现 $F = A\bar{B} + \bar{A}C + B\bar{C}$

显然,采用具有 n 个地址端的数据选择实现 n 变量的逻辑函数时,应将函数的输入变量加到数据选择器的地址端 (A) ,选择器的数据输入端 (D) 按次序以函数 F 输出值来赋值。

【实验内容】

1. 测试数据选择器 74LS151,74LS153 的逻辑功能

设计 74LS151 逻辑功能测试接线图如图 2-5-5 所示,地址端 A_2 , A_1 , A_0 ,数据端 $D_0 \sim D_7$,使能端 $\overline{S}$ 接逻辑开关,输出端 Q 接逻辑电平显示器,按 74LS151 功能表逐项进行测试,记录测试结果。对于 74LS153,请自行设计测试图和测试表格。

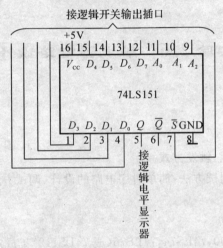

图 2-5-5　74LS151 逻辑功能测试

2. 用 8 选 1 数据选择器 74LS151 设计三输入多数表决电路

(1)写出设计过程。

(2)画出接线图。

(3)实验实现逻辑功能。

3. 用 74LS153 数据选择器实现逻辑函数 $Y = A\overline{B}\overline{C} + \overline{A}\,\overline{C} + BC$

(1)列出真值表。

(2)写出相关表达式。

(3)画出接线图。

(4)实验实现逻辑功能。

【选做内容】

用双 4 选 1 数据选择器 74LS153 设计实现全加器,要求如下:

(1)写出设计过程。

(2)画出接线图。

(3)实验实现逻辑功能。

【实验仪器设备及元器件】

(1)数字逻辑实验箱。

(2)双踪示波器。

(3)数字万用表。

(4)集成电路 74LS153,74LS151,74LS138,74LS04,74LS32 等。

【思考题】

(1)数据选择器、数据分配器还有何其他作用?

(2)在八路数据传输系统中,如要将输入数据最后以反码形式输出,电路应如何连接?

(3)如果实验室中没有 74LS151,只有双 4 选 1 数据选择器 74LS153,能否实现八路数据的传输? 试画出电路连接图。

实验 2.6 触发器电路设计

【实验目的】

(1)掌握触发器的性质。

(2)掌握触发器逻辑功能、触发方式。

(3)掌握触发器电路的测试方法,简单时序电路的设计、调试方法。

【预习要求】

(1)从手册中查出 74LS00,74LS74,74LS76(或 74LS112)集成芯片的引脚图,熟悉引脚的功能。

(2)复习有关触发器部分的内容。

(3)拟出各触发器功能测试表格。

【实验原理】

触发器具有两个稳定状态,用以表示逻辑状态"1"和"0"。在一定的外界信号作用下,触发器可以从一个稳定状态翻转到另一个稳定状态,它是一个具有记忆功能的二进制信息存储器件,是构成多种电路的最基本逻辑单元。

图 2-6-1 为由两个与非门的交叉耦合构成的基本 RS 触发器,它是无时钟控制低电平直接触发的触发器。基本 RS 触发器具有置"0"、置"1"和"保持"三种功能。通常称 $\overline{S}$ 为置"1"端,因为 $\overline{S}=0$ 时触发器被置"1";$\overline{R}$ 为置"0"端,因为 $\overline{R}=0$ 时触发器被置为"0";当 $\overline{S}=\overline{R}=1$ 状态时,触发器为"保持"。基本 RS 触发器也可以用两个或非门组成,此时为高电平触发有效。

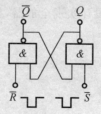

图 2-6-1 基本 RS 触发器

2.JK 触发器

在输入信号为双端输入的情况下,JK 触发器是功能完善、使用灵活和通用性较强的一种触发器。本实验采用 74LS76 双 JK 触发器,是下降沿触发的边沿触发器。引脚功能及逻辑符号如图 2-6-2 所示,JK 触发器的状态方程为

$$Q^{n+1} = J\bar{Q}^n + \bar{K}Q^n$$

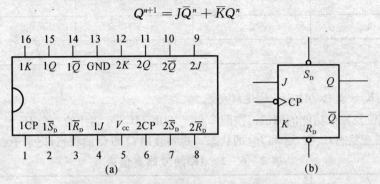

图 2-6-2　JK 触发器管脚图和逻辑符号

J 和 K 是数据输入端,是触发器状态更新的依据。当 J,K 有多个输入信号同时作用时,可当做"与"的关系。Q 与 $\bar{Q}$ 为两个互补输出端。通常把 $Q=0,\bar{Q}=1$ 的状态定为触发器"0"状态;而把 $Q=1,\bar{Q}=0$ 定为"1"状态。

3.D 触发器

在输入信号为单端的情况下,D 触发器用起来最为方便,其状态方程为

$$Q^{n+1} = D$$

其输出状态的更新发生在 CP 脉冲的上升沿,故又称为上升沿触发的边沿触发器。D 触发器的状态只取决于时钟到来前 D 端的状态。D 触发器应用很广,可供作数字信号的寄存、移位寄存、分频和波形发生等。有很多种型号可供各种用途需要而选用。图 2-6-3 为 74LS74 双 D 触发器的引脚排列图和逻辑符号。

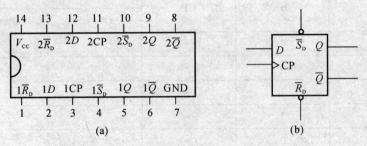

图 2-6-3　D 触发器管脚图和逻辑符号

【实验内容】

1.测试基本 RS 触发器的逻辑功能

按图 2-6-1,用 74LS00 芯片上的两个与非门组成基本 RS 触发器,将测试结果记录于表 2-6-1 中。

表 2 - 6 - 1　基本 RS 触发器真值表

$\bar{S}$	$\bar{R}$	Q	$\bar{Q}$
0	0		
0	1		
1	0		
1	1		

2. 测试双 JK 触发器 74LS76 的逻辑功能

(1)异步置位及复位功能的测试。按图 2 - 6 - 2,用 74LS76 芯片的一个 JK 触发器,将 J,K,CP 端开始(或任意状态)改变 $\bar{S}_D$ 和 $\bar{R}_D$ 的状态。观察输出 Q 和 $\bar{Q}$ 的状态,记录于表 2 - 6 - 2 中。

表 2 - 6 - 2　JK 触发器真值表

$\bar{S}_D$	$\bar{R}_D$	Q	$\bar{Q}$
1	0→1		
1	1→0		
1→0	1		
0→1	1		
0			

(2)逻辑功能的测试。用数字实验箱上的单次脉冲信号作为 JK 触发器的 CP 脉冲源,当将触发器的初始状态置 1 或置 0 时,将测试结果记录于表 2 - 6 - 3 中。

表　2 - 6 - 3

J	K	CP	Q^{n+1}	
			$Q^n = 1$	$Q^n = 0$
0	0	0→1		
0	0	1→0		
0	1	0→1		
0	1	1→0		
1	0	0→1		
1	0	1→0		
1	1	0→1		
1	1	1→0		

3. 两相时钟脉冲发生电路设计

用 JK 触发器及与非门设计并实验此电路。此电路可用于将时钟脉冲 CP 转换为两相时钟脉冲 CP_A 及 CP_B,其频率相同,相位不同。

【选做内容】

测试双 D 触发器 74LS74 的逻辑功能。

1. 异步置位及复位功能的测试

按图 2-6-3,用 74LS74 芯片的一个触发器,改变 $\overline{S}_D$ 和 $\overline{R}_D$ 的状态,观察输出 Q 和 $\overline{Q}$ 的状态;自拟表格记录。

2. 逻辑功能的测试

用单次脉冲作为 D 触发器的 CP 脉冲源,测试 D 触发器的功能,自拟表格记录。

【实验仪器设备及元器件】

(1)双踪示波器。

(2)数字逻辑实验箱。

(3)数字万用表。

(4)集成电路 74LS00,74LS74,74LS76(或 74LS112)等。

【思考题】

用 74LS175 四 D 触发器芯片,设计一个 4 人抢答电路,拟定实验线路,记录输入输出关系,自拟表格。

实验 2.7　时序逻辑电路设计

【实验目的】

(1)掌握简单时序电路的设计方法。

(2)掌握简单时序电路的调试方法。

【预习要求】

(1)查找 74LS74,74LS112,74LS00 芯片引脚图,并熟悉引脚功能。

(2)复习教材中同步、异步 2^n 进制计数器构成方法。

(3)复习同步时序电路和异步时序电路的设计方法。

(4)设计并画出用 74LS112 构成同步四进制加法计数器的逻辑电路图。

(5)设计并画出用 74LS74 构成异步四进制减法计数器的逻辑电路图。

【实验原理】

1. 时序逻辑电路

时序逻辑电路又简称为时序电路。这种电路的输出不仅与当前时刻电路的外部输入有关,而且还和电路过去的输入情况(或称电路原来的状态)有关。时序电路与组合电路最大区别在于它有记忆性,这种记忆功能通常是由触发器构成的存储电路来实现的。图 2-7-1 为时序电路组成示意图,它是由门电路和触发器构成的。

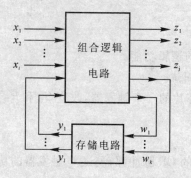

图 2 - 7 - 1 时序电路示意图

在这里,触发器是必不可少的,因此触发器本身就是最简单的时序电路。图 2 - 7 - 1 中,$X(x_1, x_2, \cdots, x_i)$ 为外部输入信号,$Z(z_1, z_2, \cdots, z_j)$ 为输出信号,$W(w_1, w_2, \cdots, w_k)$ 为存储电路的驱动信号,$Y(y_1, y_2, \cdots, y_l)$ 为存储电路的输出状态。这些信号之间的逻辑关系可用下面三个向量函数来表示。

输出方程: $$Z(t_n) = F[X(t_n), Y(t_n)]$$

状态方程: $$Y(t_{n+1}) = G[W(t_n), Y(t_n)]$$

激励方程: $$W(t_n) = H[X(t_n), Y(t_n)]$$

式中,t_n, t_{n+1} 表示相邻的两个离散的时间。$Y(t_n)$ 叫现态,$Y(t_{n+1})$ 叫次态,它们都表示同一存储电路的同一输出端的输出状态,所不同的是前者指信号作用之前的初始状态(通常指时钟脉冲作用之前),后者指信号作用之后更新的状态。

对时序电路逻辑功能的描述,除了用上述逻辑函数表达式之外,还有状态表、状态图、时序图等。

通常时序电路又分为同步和异步两大类。在同步时序电路中,所有触发器的状态更新都是在同一个时钟脉冲作用下同时进行的。从结构上看,所有触发器的时钟端都接同一个时钟脉冲源。在异步时序电路中,各触发器的状态更新不是同时发生,而是有先有后,因为各触发器的时钟脉冲不同,不像同步时序电路那样接到同一个时钟源上。某些触发器的输出往往又作为另一些触发器的时钟脉冲,这样只有在前面的触发器更新状态后,后面的触发器才有可能更新状态。这正是所谓"异步"的由来。对于那些由非时钟触发器构成的时序电路,由于没有同步信号,所以均属异步时序电路(称为电平异步时序电路)。

2. 同步时序电路的设计

同步时序电路设计的关键在于求出驱动方程和输出方程,其设计的具体步骤如下:

(1)根据设计要求画出原始状态图。

(2)状态化简。

(3)状态分配,确定触发器个数及类型。

(4)列出结合真值表。

(5)求出驱动方程和输出方程。

(6)画逻辑图。

(7)检查能否自启动。

3.异步时序电路的设计

在异步时序电路中,由于各触发器不是同时翻转的,所以要为每个触发器选择一个合适的时钟脉冲信号,这在同步时序电路设计中是不须要考虑的。各时钟信号选得是否恰当,将直接影响电路的复杂程度。选择的原则:第一,在触发器状态须要更新时,必须有时钟脉冲到达;第二,在上述条件下,其他时间内送来的脉冲越少越好。这有利于驱动方程的化简,因为在没有时钟脉冲时,触发器的输入可以作为任意项处理。各触发器时钟脉冲的选择通常是在时序图上进行的。

异步时序电路的设计思路流程如图 2-7-2 所示。

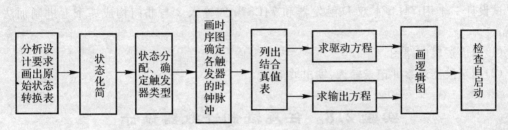

图 2-7-2　异步时序电路设计流程图

由图 2-7-2 可见,异步时序电路的设计与同步时序电路的设计基本相同,区别仅在于异步时序电路的设计中增加了选择各触发器时钟信号这一步。由此还造成如下结果,即在列写结合真值表中,对于驱动表部分的填写,凡没有触发边沿到达时,相应的激励端取值应填写任意项(即填 ϕ),而不应按其激励表填写。

【实验内容】

(1)用 74LS74 双 D 触发器构成一个异步的四进制减法计数器,并进行逻辑功能的测试。

1)CP 用单脉冲源输入,触发器状态用指示灯显示(发光二极管)。观察两个触发器输出所接的指示灯的变化,并自拟表格记录。

2)CP 用连续脉冲源输入,用示波器观察比较各触发器 Q 端与时针脉冲源的相对波形,并记录。

(2)用 74LS112 双 JK 触发器构成一个同步四进制加法计数器,并进行逻辑功能的测试。

1)CP 用单脉冲源输入,触发器状态用指示灯显示,观察两个触发器输出端所接的指示灯的变化,并自拟表格记录。

2)CP 用连续脉冲源输入,用示波器观察比较各触发器 Q 端与时针脉冲源的相对波形,并记录。

【选做内容】

设计一个用 74LS112 双 JK 触发器和 74LS00 与非门构成三进制加法计数器。提示:加入反馈复位环节。

(1)画出三进制加法计数器的逻辑电路图。

(2)用示波器观察其输入、输出波形,并加以记录。

【实验仪器设备及元器件】

(1)数字电路实验箱。

(2)双踪示波器。

(3)信号源。

(4)集成电路 74LS00,74LS74,74LS112 及相关门电路。

【思考题】

试设计一个用 74LS74 双 D 触发器和 74LS20 四输入 2 与非门构成一个七进制加法计数器。

(1)画出逻辑电路图。

(2)用示波器观察并记录输入、输出波形。

实验 2.8　任意进制计数器设计

【实验目的】

(1)熟悉中规模集成电路计数器的功能及应用。

(2)掌握利用中规模集成电路计数器构成任意进制计数器的方法。

(3)学会综合测试的方法。

【预习要求】

(1)熟悉芯片各引脚排列。

(2)弄清构成模长 M 进制计数器的原理。

(3)实验前设计好实验所用电路,画出实验用的接线图。

【实验原理】

1. 集成计数器 74LS160

本实验所用集成芯片为异步清零同步预置 4 位 8421 码十进制加法计数器 74LS160。

74LS160 为异步清零计数器,即 $\overline{RD}$ 端输入低电平,不受 CP 控制,输出端立即全部为"0"。74LS160 具有同步预置功能,在 $\overline{RD}$ 端无效时,$\overline{LD}$ 端输入低电平,在时钟共同作用下,CP 上跳后计数器状态等于预置输入 $DCBA$,即所谓"同步"预置功能。$\overline{RD}$ 和 $\overline{LD}$ 都无效,ET 或 EP 任意一个为低电平,计数器处于保持功能,即输出状态不变。只有 4 个控制输入都为高电平,计数器(161)实现模 10 加法计数,$Q_3Q_2Q_1Q_0=1001$ 时,$R_{co}=1$。

2. 构成任意进制计数器(模长 $M \leqslant 10$)

用集成计数器实现 M 进制计数有两种方法,反馈清零法和反馈预置法。图 2-8-1(a)为反馈清零法连接(八进制),图 2-8-1(b)为反馈预置法连接(八进制)。

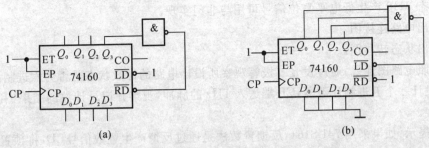

图 2-8-1　构成任意进制计数器

3. 集成计数器扩展应用（模长 $M > 10$）

当计数模长 $M > 10$ 时，可用两片以上集成计数器级联触发器来实现。集成计数器可同步连接，也可以异步连接成多位计数器，然后采用反馈清零法或反馈预置法实现给定模长 M 计数。图 2-8-2 所示为同步连接反馈清零法及反馈预置法实现模长 48 计数电路原理图。

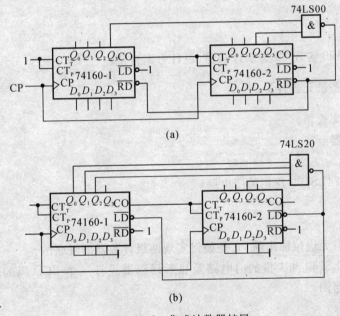

图 2-8-2　集成计数器扩展
(a) 反馈清零法；　(b) 反馈预置法

【实验内容】

（1）设计一个同步六进制计数器，CP 端送入单次脉冲，输出 Q 依次与发光二极管相连，送入脉冲的同时观察二极管的亮灭并记录、分析其计数状态（利用反馈清零法设计）。

分析提示：如果采用 74LS160 设计，从 $Q_3Q_2Q_1Q_0 = 0000$ 开始计数，经 $M-1$ 个时钟脉冲（M 为模，本例为 6）状态对应二进制数最大，下一个 CP 后计数器应复位，开始新一轮模 M 计数。因为是异步清零，所以复位信号不应在 $M-1$ 个 CP 时产生，而应在 M 个 CP 时产生。所以复位信号在 $Q_3Q_2Q_1Q_0 = 0110$ 时，使计数器复位 $Q_3Q_2Q_1Q_0 = 0000$。状态从 0110→0000 是异步变化的，不受时钟 CP 控制，所示状态 0110 持续的时间很短暂，仅几级门的传输延迟而已。由状态 0110 产生低电平复位信号可用与非门实现。

1)画出电路连接图。

2)画出状态转移图。

3)按照电路图连线,通过发光二极管观察所设计电路的计数状态是否为六进制。

(2)设计一个五进制计数器,CP 端送入 1Hz 的脉冲,观察并记录计数的结果(利用反馈置数法设计)。

分析提示:如果采用 74LS161,反馈置数法是通过反馈产生置数信号 $\overline{LD}$,将预置数 $ABCD$ 预置到输出端。74LS161 是同步置数的,须 CP 和 $\overline{LD}$ 都有效才能置数,因此 $\overline{LD}$ 应先于 CP 出现。所以 $M-1$ 个 CP 后就应产生有效 $\overline{LD}$ 信号。

1)画出用 74LS161 设计的五进制计数器的电路连接图。

2)画出状态转移图。

3)按照电路图连线,自制表格填写态序图。

4)说明两个芯片在设计时的异同点。

【选做内容】

用两片 74LS160 实现 32 进制计数器,设计方案自定。

【实验仪器设备及元器件】

(1)数字电路实验箱。
(2)双踪示波器。
(3)信号源。
(4)集成电路 74LS160 及相关门电路。

【思考题】

(1)74LS160 有无进位输出端,它是如何实现两级计数器的级联的?
(2)用两片 74LS160 和少量的门电路及显示译码器设计一个 BCD 码的两位十进制计数器,并画出逻辑电路图。

实验 2.9 计数、译码及显示电路——电子钟设计

【实验目的】

(1)熟悉常用中规模计数器的逻辑功能。
(2)掌握计数、译码、显示电路的工作原理及其应用。
(3)进一步加深对译码器性能的理解。

【预习要求】

(1)阅读有关计数器 74LS90 的功能及使用方法。
(2)掌握用 74LS90 构成异步十进制计数器的工作原理及级联扩展方法,设计、绘制实验

内容 1 中要求的 4 个电路。

(3)复习显示译码器 74LS48 的功能及使用方法。

(4)按设计任务要求,画出理论电路连接图,设计相应的实验步骤及实验表格。

【实验原理】

1.74LS90 计数器

74LS90 计数器是一种中规模二-五进制计数器,管脚引线如图 2-9-1 所示,功能表如表 2-9-1 所示。

表 2-9-1 74LS90 功能表

复位输入				输 出			
R_1	R_2	S_1	S_2	Q_D	Q_C	Q_B	Q_A
H	H	L	×	L	L	L	L
H	H	×	L	L	L	L	L
×	×	H	H	H	L	L	H
×	L	×	L		计	数	
×	L	L	×		计	数	
L	×	L	×		计	数	
L	×	×	L		计	数	

将输出 Q_A 与输入 B(CP2)相接,构成 8421BCD 码计数器;

将输出 Q_D 与输入 A(CP1)相接,构成 5421BCD 码计数器;

表中 H 为高电平,L 为低电平,×为不定状态。

表 2-9-1 中,74LS90 逻辑电路图如图 2-9-1 所示,它由 4 个主从 JK 触发器和一些附加门电路组成,整个电路可分两部分:其中,FA 触发器构成一位二进制计数器;FD,FC,FB 构成异步五进制计数器。在 74LS90 计数器电路中,设有专用置"0"端 R_1,R_2 和置位(置"9")端 S_1,S_2。

74LS90 具有如下 5 种基本工作方式:

(1)五分频:由 FD,FC 和 FB 组成的异步五进制计数器工作方式。

(2)十分频(8421 码):将 Q_A 与 B(CP2)连接,可构成 8421 码十分频电路。

(3)六分频:在十分频(8421 码)的基础上,将 Q_B 端接 R_1,Q_C 端接 R_2。其计数顺序为 000 ~ 101。在第六个脉冲作用后,出现状态 $Q_C Q_B Q_A$ =110,利用 $Q_B Q_C$ =11 反馈到 R_1 和 R_2 的方式使电路置"0"。

(4)九分频:$Q_A \rightarrow R_1$,$Q_D \rightarrow R_2$,构成原理同六分频。

(5)十分频(5421 码):将五进制计数器的输出端 Q_D 接二进制计数器的脉冲输入端 CK1,即可构成 5421 码十分频工作方式。

此外,据功能表可知,构成上述 5 种工作方式时,S_1,S_2 端最少应有一端接地;构成五分频和十分频时,R_1,R_2 端亦必须有一端接地。

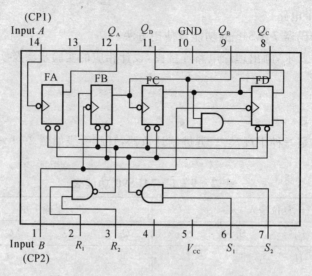

图 2-9-1 74LS90 内部电路图和管脚图

2.译码、驱动显示

(1)74LS48 为 BCD 七段锁存/译码/驱动器,其管脚排列如图 2-9-2 所示,其内部由门电路组成组合的逻辑电路,主要功能是将输入 8421BCD 码,译码输出相应十进制的七段码,$a \sim g$ 中相应段码为高电平,驱动发光数码管显示对应的十进制数。由其管脚图可知,下边的引脚为输入端和控制端,上边引脚为输出段码端。其功能表如表 2-9-2 所示。

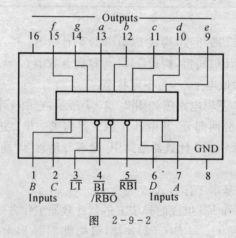

图 2-9-2

表 2-9-2

十进数或功能	输 入						$\overline{BI}/\overline{RBO}$	输 出							注
	$\overline{LT}$	$\overline{RBI}$	D	C	B	A		a	b	c	d	e	f	g	
0	H	H	L	L	L	L	H	H	H	H	H	H	H	L	
1	H	×	L	L	L	H	H	L	H	H	L	L	L	L	
2	H	×	L	L	H	L	H	H	H	L	H	H	L	H	
3	H	×	L	L	H	H	H	H	H	H	H	L	L	H	

续 表

十进数	输入						$\overline{\text{BI}}/\overline{\text{RBO}}$	输出							注
或功能	$\overline{\text{LT}}$	$\overline{\text{RBI}}$	D	C	B	A		a	b	c	d	e	f	g	
4	H	×	L	H	L	L	H	L	H	H	L	L	H	H	
5	H	×	L	H	L	H	H	H	L	H	H	L	H	H	
6	H	×	L	H	H	L	H	L	L	H	H	H	H	H	
7	H	×	L	H	H	H	H	H	H	H	L	L	L	L	①
8	H	×	H	L	L	L	H	H	H	H	H	H	H	H	
9	H	×	H	L	L	H	H	H	H	H	H	L	H	H	
10	H	×	H	L	H	L	H	L	L	L	H	H	L	H	
11	H	×	H	L	H	H	H	L	L	H	H	L	L	H	
12	H	×	H	H	L	L	H	L	H	L	L	L	H	H	
13	H	×	H	H	L	H	H	H	L	L	H	L	H	H	
14	H	×	H	H	H	L	H	L	L	L	H	H	H	H	
15	H	×	H	H	H	H	H	L	L	L	L	L	L	L	
灭灯	×	×	×	×	×	×	L	L	L	L	L	L	L	L	②
灭零	H	L	L	L	L	L	L	L	L	L	L	L	L	L	③
试灯	L	×	×	×	×	×	H	H	H	H	H	H	H	H	④

H=高电平，L=低电平，×=不定。

注：①要求输出 0～15 时，灭灯输入($\overline{\text{BI}}$)必须开路或保持高电平。如果不要灭十进制零，则动态灭灯输入($\overline{\text{RBI}}$)必须开路或为高电平。

②将一低电平直接加于灭灯输入($\overline{\text{BI}}$)时，不管其他输入为何电平，所有各段输出都为低电平。

③当动态灭灯输入($\overline{\text{RBI}}$)和 A,B,C,D 输入为低电平而试灯输入为高电平时，所有各段输出都为低电平并且动态灭灯输出($\overline{\text{RBO}}$)处于低电平(响应条件)。

④当灭灯输入/动态灭灯输出($\overline{\text{BI}}/\overline{\text{RBO}}$)开路或保持高电平，而试灯输入($\overline{\text{LT}}$)为低电平时，则所有各段输出都为高电平。

$\overline{\text{BI}}/\overline{\text{RBO}}$是线与逻辑，作灭灯输入($\overline{\text{BI}}$)或动态灭灯输出($\overline{\text{RBO}}$)之用，或兼作两者之用。

TS547 为共阴发光二极管数码显示器，其管脚排列和内部发光二极管共阴极结构如图 2-9-3 所示。七段码发光二极管数码显示器的每一笔段是一个发光二极管来显示，其所有发光二极管的阴极连在一起，构成 com 端，使用时用以接低电位。因此，当任一个发光二极管的阳极加上正向电压时，就能使相应笔段发光显示。根据发光数码管技术参数，每只发光二极管正向压降为 $U_F=2.1$V，正向电流为 $I_F=10$mA，最大反向电压为 $U_{RM}=5$V。如果使用 5V 电压去驱动发光二极管，则必须串电阻 R 进行限流保护，此时，应取限流电阻 $R=(5-2.1)$V/10mA=300Ω。

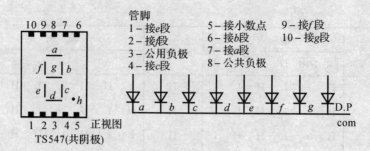

图 2-9-3

【实验内容】

(1)用 74LS90 芯片分别构成五分频、六分频、九分频、十分频(5421)计数器。

1)画出 4 种工作方式的实验电路图。

2)输入连续脉冲信号,用示波器观察记录输出波形。

(2)用 74LS90,74LS48 及数码管 TS547 构成计数、译码、显示实验电路,如图 2-9-4 所示。将实验结果记入表 2-9-3 中。自动将电路修改为计数范围为 0~59 的秒计时电路。

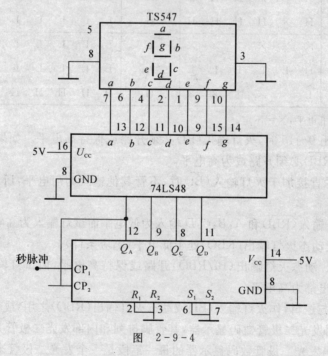

图 2-9-4

表 2-9-3

时间/s	0	1	2	3	4	5	6	7	8	9	10
显示字形											

【选做内容】

用74LS90,74LS48及数码管 TS547 构成具有时、分、秒计时功能的电子钟电路。

【实验仪器设备及元器件】

(1)直流稳压电源。
(2)数字万用表。
(3)数字逻辑实验箱。
(4)实验电路板或集成电路74LS90,74LS48 等。

【思考题】

(1)74LS90 有无进位输出端,它是如何实现两级计数器级联的?
(2)说明应如何实现计数器的自启动。

实验 2.10　移位寄存器及其应用设计

【实验目的】

(1)掌握中规模4位双向移位寄存器的逻辑功能及使用方法。
(2)熟悉使用 74LS194 进行各种应用扩展。

【预习要求】

(1)阅读有关移位寄存器内容,掌握移位寄存器 74LS194 的功能及使用方法。
(2)按设计任务要求,画出电路连接图,设计相应的实验步骤及实验记录表格。

【实验原理】

1.移位寄存器简介

移位寄存器是电子计算机、通信设备和其他数字系统中广泛使用的基本逻辑器件之一。它是一种由触发器连接的同步时序网络,每个触发器的输出连到下一级触发器的控制输入端,在时钟脉冲作用下,存储在移位寄存器中的信息逐位左移或右移。

利用移位寄存器可以构成移位型计数器,移位型计数器最常见的有环形计数器与扭环计数器两种。环形计数器不需要译码硬件,便可将计数器的状态识别出来;扭环计数器的译码逻辑也比二进制码计数器简单。

2.集成移位寄存器 74LS194

集成移位寄存器 74LS194 是一种 4 位双向移位寄存器,它由 4 个 RS 触发器及它们的输入控制电路组成。图 2-10-1 分别是它的逻辑电路图和引脚图。

74LS194 有 4 个并行输入端 $A \sim D$,两个控制输入端 S_1,S_0,左移串行输入 D_{SL},右移串行输入端 D_{SR},异步清零输入端 $\overline{R}_D$,串并行输出端 $Q_3 \sim Q_0$。表 2-10-1 是其控制端的逻辑功能,表 2-10-2 是其功能真值表。

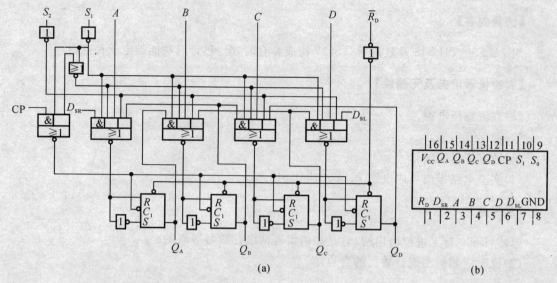

图 2-10-1　74LS194 内部电路图和管脚图

表 2-10-1　逻辑功能

控制信号		完成的功能
S_1	S_0	
0	0	保持
0	1	右移
1	0	左移
1	1	并行输入

表 2-10-2　真值表

清零 $\overline{R}_D$	控制信号		串行输入		时钟 CP	并行输入				输出			
	S_1	S_0	左移 D_{SL}	右移 D_{SR}		D	C	B	A	Q_D	Q_C	Q_B	Q_A
L	×	×	×	×	×	×	×	×	×	L	L	L	L
H	×	×	×	×	H(L)	D	C	B	A	Q_D^n	Q_C^n	Q_B^n	Q_A^n
H	H	H	×	×	↑	×	×	×	×	D	C	B	A
H	H	L	H	×	↑	×	×	×	×	H	Q_D^n	Q_C^n	Q_B^n
H	H	L	L	×	↑	×	×	×	×	L	Q_D^n	Q_C^n	Q_B^n
H	L	H	×	H	↑	×	×	×	×	Q_C^n	Q_B^n	Q_A^n	H
H	L	H	×	L	↑	×	×	×	×	Q_C^n	Q_B^n	Q_A^n	L
H	L	L	×	×	×	×	×	×	×	Q_D^n	Q_C^n	Q_B^n	Q_A^n

【实验内容】

1. 测试 4 位双向移位寄存器 74LS194 的逻辑功能

(1)存数功能。将 74LS194 芯片接好电源及地线，控制端 S_1，S_0 置于"1,1"状态，数据输入端 A，B，C，D 分别接"1011"，输出端 Q_A，Q_B，Q_C，Q_D 分别接电平指示灯，观察在 CP 端加单脉冲后输出的变化，并加以记录。

(2)动态保持功能。将控制端 S_1，S_0 接"0"电平，输出端 Q_A，Q_B，Q_C，Q_D 分别接指示灯，数据输入 A，B，C，D 接"0"电平，在 CP 端加单脉冲的条件下，观察 Q_A，Q_B，Q_C，Q_D 的状态变化，并加以记录。

(3)左移功能。将控制端 S_1 接"1"电平，S_0 接"0"电平，输出端 Q_A，Q_B，Q_C，Q_D 分别接指示灯，将 Q_A 接至 D_{SL}，在 CP 端加单脉冲的条件下，观察 Q_A，Q_B，Q_C，Q_D 的状态变化，并加以记录。

(4)右移功能。将控制端 S_1 接"0"电平，S_0 接"1"电平，输出端 Q_A，Q_B，Q_C，Q_D 分别接指示灯，将 Q_D 接至 D_{SR}，在 CP 端加单脉冲的条件下，观察 Q_A，Q_B，Q_C，Q_D 的状态变化，并加以记录。

2. 用 74LS194 和 74LS00 设计一个七进制计数器

将控制端 S_1 接"0"电平，S_0 接"1"电平，用与非门 74LS00 实现 $\overline{Q_C Q_D} = D_{SR}$。$\overline{R}_D$ 端先清零，然后在 CP 端输入连续脉冲，观察 CP 和 Q_D，Q_C 的相对波形，并加以记录。

【选做内容】

自行设计一个 4 位环形计数器或 4 位扭环形计数器，其要求如下：
(1)写明设计方案。
(2)画出状态转换图。
(3)写出功能表，表格自拟。
(4)画出接线图。
(5)实验实现逻辑功能(输出接发光二极管)。

【实验仪器设备及元器件】

(1)数字电路实验箱。
(2)示波器。
(3)数字万用表。
(4)集成电路 74LS194，74LS04 及相关门电路。

【思考题】

试论述环型计数器存在的优势和缺陷。

实验 2.11　彩灯循环控制电路设计

【实验目的】

（1）熟悉基本数字逻辑单元电路。

（2）培养数字电路综合实训能力。

【预习要求】

（1）阅读有关555电路构成多谐振荡器设计思路。

（2）掌握利用计数器74161和译码器74138的工作原理及设计方法。

（3）按设计任务要求，画出电路连接图，设计相应的实验步骤及实验记录表格。

【实验内容】

在现代社会中，彩灯成为很多场所不可或缺的照明或装饰品，其多变的闪烁效果为整个环境营造了极其绚烂的氛围。本节我们以基本的数字逻辑单元设计简单的彩灯电路，以实现流动或滚动的效果。

（1）彩灯控制电路原理如图2-11-1所示，由振荡电路产生脉冲，经控制电路和驱动电路来控制显示电路，以实现相应的流动或滚动效果。

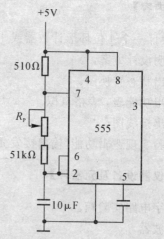

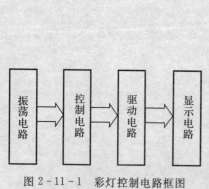

图2-11-1　彩灯控制电路框图　　　　图2-11-2　555振荡电路

（2）振荡电路。振荡电路为彩灯提供振荡脉冲，常用的振荡电路有晶体振荡器或555定时器等。图2-11-2为由555定时器构成的脉冲振荡器，调节R_P可获得不同的振荡频率，以改变彩灯流动或滚动的速度。

（3）控制电路。为实现流动控制（1次只亮1个灯）或滚动控制（1次只灭1个灯），需要一脉冲分配电路，该电路可由16进制计数器74LS161配合74LS138产生或由CD4017产生。74LS161和74LS138集成芯片前面已有介绍，现将CD4017集成芯片简介如下：

CD4017如图2-11-3所示，为十进制计数/分配器，其内部包含计数器和译码器两部分。

MR 为清零端,高电平有效。CP₀,CP₁ 为脉冲输入端,CP₀ 上升沿有效,CP₁ 下降沿有效。$Q_0 \sim Q_9$ 为 10 个输出端(相应输出为高电平);CO 为进位输出端,可作扩展用。

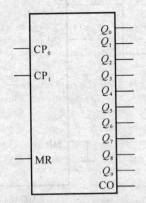

图 2-11-3 CD4017 逻辑符号

(4)驱动显示电路。本电路可由发光二极管作为显示电路,可直接由控制电路驱动,无须专门设计驱动电路。

4.参考电路

本实验的参考电路分别如图 2-11-4 和图 2-11-5 所示,请将电路效果修改为滚动。

【实验仪器设备及元器件】

(1)数字电路实验箱。

(2)示波器。

(3)数字万用表。

(4)集成电路 555,74LS161,74LS138,CD4017 及相关门电路。

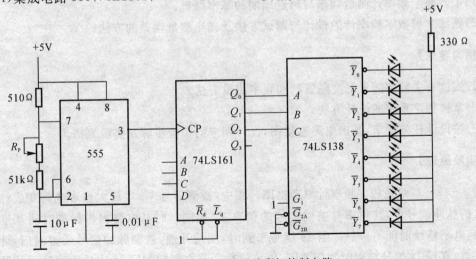

图 2-11-4 8 路流动彩灯控制电路

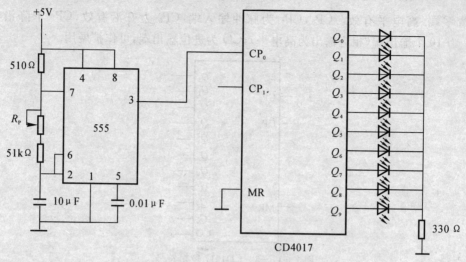

图 2-11-5　十路流动彩灯控制电路

【思考题】

(1)555 多谐振荡器调试时须要注意什么问题?

(2)CMOS 芯片和 TTL 芯片混用时须要考虑哪些问题?

实验 2.12　数字频率计设计与实现

【实验目的】

(1)了解数字频率计测量频率与测量周期的基本原理。

(2)熟练掌握数字频率计的设计与调试方法及减小测量误差的方法。

【预习要求】

(1)阅读有关频率测量的文献资料和频率测量方法。

(2)掌握数字系统的设计方法。

(3)按设计任务要求,画出电路连接图,设计相应的实验步骤及实验表格。

【实验原理】

图 2-12-1(a)是数字频率计原理框图。图中,被测信号 V_x 经放大整形电路变成计数器所要求的脉冲信号Ⅰ,其频率与被测信号的频率 f_x 相同。时基电路提供标准时间基准信号Ⅱ,其高电平持续时间 $t_1 = 1s$。当 1s 信号来到时,闸门开通,被测脉冲信号通过闸门,计数器开始计数,直到 1s 信号结束时闸门关闭,停止计数。若在闸门时间 1s 内计数器计得的脉冲个数为 N,则被测信号频率 $f_x = N(Hz)$。逻辑控制电路的作用有两个:一是产生锁存脉冲Ⅳ,使显示器上的数字稳定;二是产生"0"脉冲Ⅴ,使计数器每次测量从零开始计数。

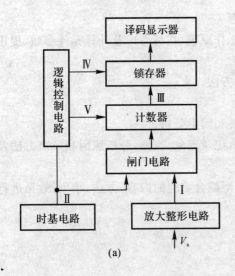
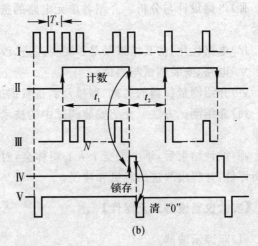

图 2-12-1　数字频率计原理框图

【实验内容】

(1)用中小规模集成电路设计一台简易的数字频率计,频率显示为 4 位,显示量程为 4 挡,用数码管显示。

1Hz～9.999kHz,闸门时间为 1s;

10Hz～99.99kHz,闸门时间为 0.1s;

100Hz～999.9kHz,闸门时间为 10ms;

1kHz～9999kHz,闸门时间为 1ms。

(2)电路制作与调试方法。按照装配图或原理图进行器件装配,装配好之后进行电路的调试。

1)通电准备。打开电源之前,先按照系统原理图检查制作好的电路板的通断情况,并取下 PCB 上的集成块,然后接通电源,用万用表检查板上的各点的电源电压值。完好之后再关掉电源,插上集成块。

2)单元电路检测。接通电源后,用双踪示波器(输入耦合方式置 DC 挡)观察时基电路的输出波形,应如图 2-12-1(b)所示的波形 Ⅱ,其中 $t_1 = 1s$, $t_2 = 0.25s$,否则重新调节时基电路中 R_1 和 R_2 的值,使其满足要求。然后改变示波器的扫描速率旋钮,观察 74LSl23 的第 13 脚和第 10 脚的波形,应有如波形图 2-12-1(b)所示的锁存脉冲 Ⅳ 和清零脉冲 Ⅴ 的波形。

将 4 片计数器 74LS90 的第 2 脚全部接低电平,锁存器 74LS273 的第 11 脚都接时钟脉冲,在个位计数器的第 14 脚加入计数脉冲,检查 4 位锁存、译码、显示器的工作是否正常。

3)系统联调。在放大电路输入端加入 $V_{P-P} = 1V$, $f = 1kHz$ 的正弦信号,用示波器观察放大电路和整形电路的输出波形,应为与被测信号同频率的脉冲波,显示器上的读数应为 1 000Hz。

4)报告要求。

ⅰ)设计题目、任务与要求。

ⅱ)系统概述。针对设计任务及指标提出两种设计方案;进行方案比较,对选取的方案作可行性论证;画出系统框图,介绍设计思路及工作原理。

ⅲ)电路设计与分析。介绍各单元电路的选型、工作原理、指标考虑及计算元件参数、提出型号。

ⅳ)电路优化、仿真结果及是否需要改进、改进的方法。

ⅴ)电路、安装调试与测试。

ⅵ)介绍测量仪器的名称、型号及测量数据的图表和因果分析。

ⅶ)介绍测试方法。介绍安装调试中的技术问题,记录现象、波形,分析原因和解决方法及效果。

ⅷ)设计结束后,学生提交个人心得体会,对设计型综合实验的内容、方法、手段、效果进行全面评价,并提出改进的意见和建议。

【实验仪器设备及元器件】

(1)双综示波器。

(2)直流电压源。

(3)函数信号发生器。

(4)数字电路实验箱。

(5)频率计。

(6)万用表。

(7)时基电路 555,74LS90,74LS123,74LS273,μA741 等。

【思考题】

(1)数字频率计中,逻辑控制电路有何作用?

(2)用时基电路 555 或运算放大器设计一个施密特整形电路,使其满足频率测量的要求。

实验 2.13　多路智力抢答器设计与实现

【实验目的】

(1)熟悉智力竞赛抢答器的工作原理。

(2)掌握抢答电路、优先编码电路、锁存电路、定时电路、报警电路、时序控制电路、译码电路、显示电路及报警电路的设计方法。

【预习要求】

(1)阅读有关智力竞赛抢答器的工作原理。

(2)熟悉抢答电路、优先编码电路、锁存电路、定时电路、报警电路、时序控制电路、译码电路、显示电路及报警电路的设计方法。

(3)按设计任务要求,画出电路连接图,设计相应的实验步骤及实验记录表格。

【实验原理】

定时抢答器的总体框图如图 2-13-1 所示,它由主体电路和扩展电路两部分组成。主体电路完成基本的抢答功能,即开始抢答后,当选手按动抢答键时,能显示选手的编号,同时能封锁输入电路,禁止其他选手抢答。扩展电路完成定时抢答的功能。

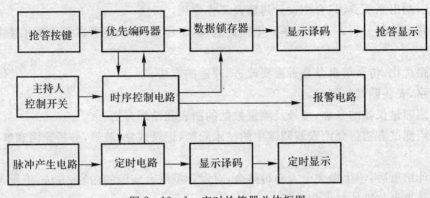

图 2-13-1　定时抢答器总体框图

定时抢答器的工作过程:接通电源时,节目主持人将开关置于"清除"位置,抢答器处于禁止工作状态,编号显示器灭灯,定时器倒计时。当定时时间到,却没有选手抢答时,系统报警,并封锁输入电路,禁止选手超时后抢答。当选手在定时时间内按动抢答键时,抢答器要完成以下 4 项工作:

(1)优先级电路立即分辨出抢答者的编号,并由锁存器进行锁存,然后由译码显示电路显示编号。

(2)扬声器发出短暂声响,提醒节目主持人注意。

(3)控制电路要对输入编码电路进行封锁,避免其他选手再次进行抢答。

(4)控制电路要使定时器停止工作,时间显示器上显示剩余的抢答时间,并保持到主持人将系统清零为止。当选手将问题回答完毕后,主持人操作控制开关,使系统回复到禁止工作状态,以便进行下一轮抢答。

【实验内容】

1. 基本功能

(1)设计一个多路智力竞赛抢答器,同时供 8 个选手参赛,编号分别为 0~7,每个用一个抢答按键。

(2)给节目主持人一个控制开关,实现系统清零和抢答的开始。

(3)具有数据锁存和显示功能。抢答开始后,如果有选手按下抢答按键,其编号立即锁存并显示在 LED 上,同时扬声器报警。此外,禁止其他选手再次抢答。选手编号一直保存到主持人清除。

2. 扩展功能(4 学时须做以下内容)

(1)具有定时抢答功能,可由主持人设定抢答时间。当抢答开始后,定时器开始倒计时,并显示在 LED 上,同时扬声器发声提醒。

(2)选手在规定时间内抢答有效,停止倒计时,并将倒计时时间显示在 LED 上,同时报警。

(3)在规定时间内,无人抢答时,电路报警提醒主持人,次后的抢答按键无效。

3. 报告要求

(1)项目的任务与要求。

(2)系统概述。针对设计任务及指标提出两种设计方案;进行方案比较,对选取的方案作可行性论证;画出系统框图,介绍设计思路及工作原理。

(3)电路设计与分析。介绍各单元电路的选型、工作原理、指标考虑及计算元件参数、提出型号。

(4)电路优化、仿真结果及是否需要改进、改进的方法。

(5)电路、安装调试与测试。

(6)介绍测量仪器的名称、型号及测量数据的图表和结果分析。

(7)介绍测试方法。介绍安装调试中的技术问题,记录现象、波形,分析原因和解决方法及效果。

(8)设计结束后,学生提交个人心得体会,对设计型综合实验的内容、方法、手段、效果进行全面评价,并提出改进的意见和建议。

【实验仪器设备及元器件】

(1)示波器。

(2)直流电压源。

(3)函数信号发生器。

(4)数字电路实验箱。

(5)万用表。

(6)常用 74LS 系列数字集成电路、555 定时器等。

【思考题】

(1)在抢答电路中,如何将序号为 0 的组号,在七段显示器上改为显示 8?

(2)定时抢答电路中,有哪些电路会产生脉冲干扰? 如何消除?

实验 2.14 存储器读写电路设计

【实验目的】

(1)熟悉 RAM 半导体存储器的工作特性及操作。

(2)掌握 RAM 存储器 2114 的应用。

【预习要求】

(1)阅读有关锁存器 74LS273 及计数器 74LS90 的功能及使用方法。

(2)复习显示译码器 74LS48 的功能及使用方法。

(3)按设计任务要求,画出电路连接图,设计相应的实验步骤及实验表格。

【实验原理】

1. 实验原理

在计算机和许多其他数字系统中,须要用存储器来存放二进制信息,进行各种特定的操作。存储器通常有两种:一种是 RAM——随机存储器,另一种是 ROM——只读存储器。

本实验我们选用 RAM 随机存储器进行实验,RAM 的集成电路产品很多,有 1 位、4 位、8 位等随机存储器 RAM。例如,存储容量较小的 C850 为 64 字×1 位静态随机存储器,存储容量中等的 2114 为 1024×4 位的静态随机存储器,存储容量较大的 6116 为 2K×8 的静态随机存储器等。不论哪一种存储器,其内部结构大致相同,不同的是其内部的存储单元多或少,地址码的多与少。图 2-14-1 为 RAM 典型结构图。它由下列三部分组成:

(1)地址译码。接受外来输入的地址信号,经译码找到相应的存储单元。

(2)存储矩阵。通常一片含有许多存储单元,这些存储单元按一定的规律排列成矩阵形式,形成存储矩阵。

(3)读/写控制。数据的输入和读出受读/写控制这一信号的控制。由于集成度的限制,一片 RAM 能存储的信息是有限的,常常不能满足实际需要,往往须要对存储器进行扩展,把若干片连在一起,构成所需要存储容量的 RAM。因此,每一块集成 RAM 都有"片选"这一信号,当"片选"信号满足该片 RAM"片选"要求时,就选中该 RAM 芯片。反之,则不选中。

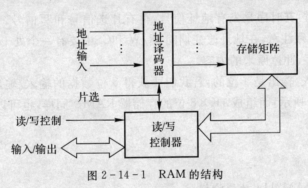

图 2-14-1　RAM 的结构

2. 随机存储器 2114 功能简介

下面我们对本实验中选用 1K×4 的随机存储器 2114 作一介绍。RAM2114 的外引脚图和逻辑符号如图 2-14-2 所示,功能表如表 2-14-1 所示。

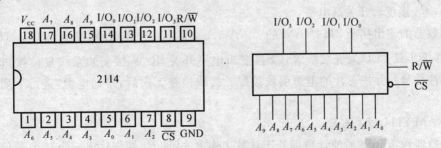

图 2-14-2　2114 管脚图和电路符号

由图 2-14-2 可见，$A_0 \sim A_9$ 为地址码输入端，$I/O_0 \sim I/O_3$ 为数据输入/输出端，CS为片选端，$R/\overline{W}$ 为读/写控制端。当$\overline{CS}=1$ 时，芯片未选中，此时 I/O 为高阻态。当$\overline{CS}=0$ 时，2114 被选中，这时数据可以从 I/O 端输入/输出。若 $R/\overline{W}=0$，则为数据输入（写），即把 I/O 数据端的数据存入由 $A_9 \sim A_0$ 所决定的某存储单元里。若 $R/\overline{W}=1$，则为数据输出（读），即把由 $A_9 \sim A_0$ 所决定的某一存储单元的内容送到数据 I/O 端。

表 2-14-1 2114 功能表

$\overline{CS}$	$R/\overline{W}$	I/O	工作模式
1	X	高阻态	未选中
0	0	0	写0
0	0	1	写1
0	1	输出	读出

2114 的电源电压为 5V，输入、输出电平与 TTL 兼容。

存储器的读写时序是比较严格的。

当进行读操作时，时序为先有地址、片选信号，再有读信号。它们的时间都是纳秒级，2114 有效地址最短时间是 200ns。

当进行写操作时，其时序是先有地址信号，再有片选信号和写信号。2114 有效地址的最短时间为 200ns。必须注意，在地址改变期间，$R/\overline{W}$ 和$\overline{CS}$中要有一个处于高电平（或者两者全高），否则会引起误写，冲掉原来的内容。

2114 的数据输入/输出是 4 位的，若我们要获得 8 位数据的输入/输出，则可用两片 2114 扩展，如图 2-14-4 所示，而组成 1K×8 位的存储器 RAM。同样，也可以组成 2K×4,2K×8 位的存储器扩展电路。

【实验内容】

1.随机存储器 RAM2114 功能论证

用双 D 触发器 74LS74 或双 JK 触发器 74LS76(74LS112)两片，组成一个 4 位二进制加法计数器（也可用 74LS90 组成一个 8421 码 BCD 码计数器）作为地址码的输入信号。原理电路如图 2-14-3 所示。按图 2-14-3 接线，对 2114 功能进行论证。计数器的 CP 脉冲接单次脉冲信号，$\overline{R}_d$接逻辑开关高电平。

将计数器的输出接至 2114RAM 的 $A_3,A_2,A_1,A_0,A_4 \sim A_9$ 分别接地，$I/O_1 \sim I/O_4$ 接数据开关，并接 4 只 LED 发光二极管，$\overline{CS}$接逻辑电平开关，$R/\overline{W}$ 接实验系统复位按钮（逻辑电平或单脉冲信号），并把芯片的电源引线接好。接线检查无误后，接通电源，进行下列读/写操作实验。

(1)RAM 2114 写入实验。

1)计数器预清 0，然后使计数器处于计数工作方式，即 $\overline{R}_d$ 端先输入一个 0，复位信号，然后再使开关置1。

2)将$\overline{CS}$开关置 0，使数据开关 $D_3 \sim D_0$ 为 1111 状态，然后将 $R/\overline{W}$ 读/写信号开关置 0，再

置 1,这时 1111 就写入 0000 号单元中。

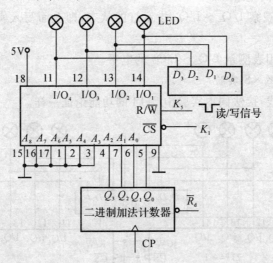

图 2-14-3 随机存储器 RAM2114 功能论证电路图

3)按动一次单次脉冲,计数器为 0001,改变 $D_3 \sim D_0$ 为 1110,再将 R/$\overline{\text{W}}$ 置 0,再置 1,即把 1110 置入 0001 号单元中。

4)依此类推,每按一次脉冲,改变一次 $D_3 \sim D_0$ 的状态,R/$\overline{\text{W}}$ 端发一个写脉冲(下降沿的负单次脉冲信号),这样将 0000~1111 的 16 个单元中分别写上与表 2-14-3 相同的内容。

表 2-14-3 2114 存储单元写入内容

$\overline{\text{CS}}$	内存单元地址				D_3	D_2	D_1	D_0	R/$\overline{\text{W}}$
0	0	0	0	0	1	1	1	1	⎍
0	0	0	0	1	1	1	1	0	⎍
0	0	0	1	0	1	1	0	1	⎍
0	0	0	1	1	1	1	0	0	⎍
0	0	1	0	0	1	0	1	1	⎍
0	0	1	0	1	1	0	1	0	⎍
0	0	1	1	0	1	0	0	1	⎍
0	0	1	1	1	1	0	0	0	⎍
0	1	0	0	0	0	1	1	1	⎍
0	1	0	0	1	0	1	1	0	⎍
0	1	0	1	0	0	1	0	1	⎍
0	1	0	1	1	0	1	0	0	⎍
0	1	1	0	0	0	0	1	1	⎍
0	1	1	0	1	0	0	1	0	⎍
0	1	1	1	0	0	0	0	1	⎍
0	1	1	1	1	0	0	0	0	⎍

(2)2114 读操作。

1)在写完之后,将 I/O$_3$～I/O$_0$ 与数据开关的连线断开,只接 LED 发光二极管。将计数器清 0,再置 R/$\overline{W}$ 端为高电平。

2)按动单次脉冲,观察 I/Q_3～I/Q_0 指示灯的状态,即上面写入实验的数据是否和表 2 - 14 - 3 一致。

3)将 $\overline{CS}$ 置 1,用万用表测量 I/Q_3～I/Q_0 的电平。

2. 存储器位扩展 1K×8 实验

按图 2 - 14 - 4 接线,接法同本实验中 2114 的功能论证一样。

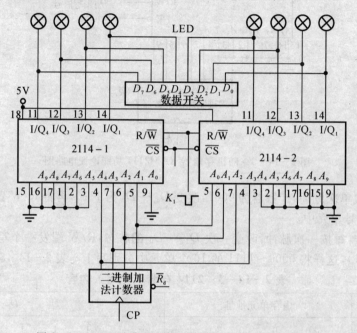

图 2 - 14 - 4　两片 RAM 存储器扩展为 1K×8 实验电路

(1)写操作。将两片 $\overline{CS}$ 置 0,其余写入操作方法同上例,数据 $D_7 \sim D_0$ 的值可以由实验者自己设定。

(2)读操作。将上面写入的数据,按上例 2114 读出方法,逐一读出并进行比较对照。

【实验仪器设备及元器件】

(1)直流稳压电源。

(2)数字万用表。

(3)数字逻辑实验箱。

(4)集成电路 2114,74LS74 等。

【思考题】

设计用 RAM2114 扩展成 2K×8 的存储器。

(1)画出逻辑电路图。

(2)写出实验方案。

实验 2.15　555 时基电路及其应用

【实验目的】

(1)熟悉 555 型集成时基电路结构、工作原理及其特点。

(2)掌握 555 型集成时基电路的基本应用。

【实验原理】

1.555 电路的工作原理

集成时基电路又称为集成定时器或 555 电路,是一种数字、模拟混合型的中规模集成电路,应用十分广泛。它是一种产生时间延迟和多种脉冲信号的电路,由于内部电压标准使用了 3 个 5kΩ 电阻,故取名 555 电路。其电路类型有双极型和 CMOS 型两大类,二者的结构与工作原理类似。几乎所有的双极型产品型号最后的 3 位数码都是 555 或 556;所有的 CMOS 产品型号最后 4 位数码都是 7555 或 7556,二者的逻辑功能和引脚排列完全相同,易于互换。555 和 7555 是单定时器,556 和 7556 是双定时器,双极型的电源电压 $V_{cc} = +5 \sim +15V$,输出的最大电流可达 200mA,CMOS 型的电源电压为 $+3 \sim +18V$。

555 电路的内部电路方框图如图 2-15-1 所示。它含有两个电压比较器,一个基本 RS 触发器,一个放电开关管 T,比较器的参考电压由 3 只 5kΩ 的电阻器构成的分压器提供。它们分别使高电平比较器 A_1 的同相输入端和低电平比较器 A_2 的反相输入端的参考电平为 $2V_{cc}/3$ 和 $V_{cc}/3$。A_1 与 A_2 的输出端控制 RS 触发器状态和放电管开关状态。当输入信号自 6 脚,即高电平触发输入并超过参考电平 $2V_{cc}/3$ 时,触发器复位,555 的输出端 3 脚输出低电平,同时放电开关管导通;当输入信号自 2 脚输入并低于 $V_{cc}/3$ 时,触发器置位,555 的 3 脚输出高电平,同时放电开关管截止。

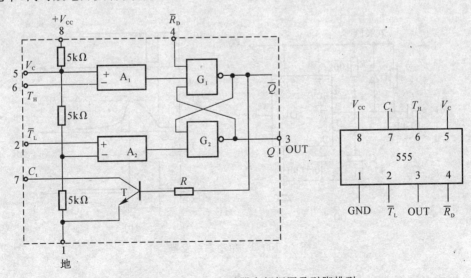

图 2-15-1　555 定时器内部框图及引脚排列

$\overline{R}_D$ 是复位端(4 脚),当 $\overline{R}_D=0$ 时,555 输出低电平。平时 $\overline{R}_D$ 端开路或接 V_{CC}。

V_C 是控制电压端(5 脚),平时输出 $2V_{CC}/3$ 作为比较器 A_1 的参考电平。当 5 脚外接一个输入电压时,即改变了比较器的参考电平,从而实现对输出的另一种控制。在不接外加电压时,通常接一个 $0.01\mu F$ 的电容器到地,起滤波作用,以消除外来的干扰,确保参考电平的稳定。

T 为放电管,当 T 导通时,将给接于脚 7 的电容器提供低阻放电通路。

555 定时器主要是与电阻、电容构成充放电电路,并由两个比较器来检测电容器上的电压,以确定输出电平的高低和放电开关管的通断。这就很方便地构成从微秒到数十分钟的延时电路,可方便地构成单稳态触发器、多谐振荡器、施密特触发器等脉冲产生或波形变换电路。

2.555 定时器的典型应用

(1) 构成单稳态触发器。图 2-15-2(a) 为由 555 定时器和外接定时元件 R,C 构成的单稳态触发器。触发电路由 C_1,R_1,D 构成,其中 D 为钳位二极管。稳态时 555 电路输入端处于电源电平,内部放电开关管 T 导通,输出端 F 输出低电平。当有一个外部负脉冲触发信号经 C_1 加到 2 端,并使 2 端电位瞬时低于 $V_{CC}/3$,低电平比较器动作,单稳态电路即开始一个暂态过程,电容 C 开始充电,V_C 按指数规律增长。当 V_C 充电到 $2V_{CC}/3$ 时,高电平比较器动作,比较器 A_1 翻转,输出 V_o 从高电平返回低电平,放电开关管 T 重新导通,电容 C 上的电荷很快经放电开关管放电,暂态结束,恢复稳态,为下个触发脉冲的来到作好准备。波形图如图 2-15-2(b)所示。

暂稳态的持续时间 t_w(即为延时时间)决定于外接元件 R,C 值的大小。

$$t_w=1.1RC$$

通过改变 R,C 的大小,可使延时时间在几个微秒到几十分钟之间变化。当这种单稳态电路作为计时器时,可直接驱动小型继电器,并可以使用复位端(4 脚)接地的方法来中止暂态,重新计时。此外,尚须用一个续流二极管与继电器线圈并接,以防继电器线圈反电势损坏内部功率管。

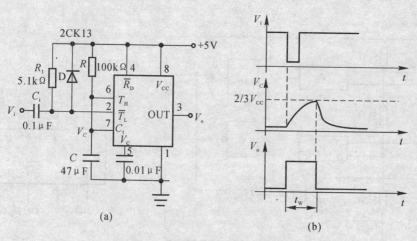

图 2-15-2 单稳态触发器

(2) 构成多谐振荡器。如图 2-15-3(a),由 555 定时器和外接元件 R_1,R_2,C 构成多谐振荡器,脚 2 与脚 6 直接相连。电路没有稳态,仅存在两个暂稳态,电路亦不需要外加触发信号,

利用电源通过 R_1，R_2 向 C 充电，以及 C 通过 R_2 向放电端 C_t 放电，使电路产生振荡。电容 C 在 $V_{cc}/3$ 和 $2V_{cc}/3$ 之间充电和放电，其波形如图 2-15-3(b)所示。

输出信号的时间参数是

$$T=t_{w1}+t_{w2}, \quad t_{w1}=0.7(R_1+R_2)C, \quad t_{w2}=0.7R_2C$$

555 电路要求 R_1 与 R_2 均应大于或等于 $1k\Omega$，但 R_1+R_2 应小于或等于 $3.3M\Omega$。外部元件的稳定性决定了多谐振荡器的稳定性，555 定时器配以少量的元件即可获得较高精度的振荡频率和具有较强的功率输出能力，因此这种形式的多谐振荡器应用很广。

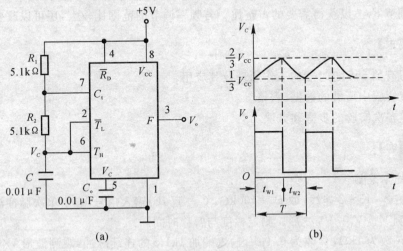

图 2-15-3　多谐振荡器

（3）组成占空比可调的多谐振荡器。电路如图 2-15-4 所示，它比图 2-15-3 所示电路增加了一个电位器和两个导引二极管。D_1，D_2 用来决定电容充、放电电流流经电阻的途径（充电时 D_1 导通，D_2 截止；放电时 D_2 导通，D_1 截止）。

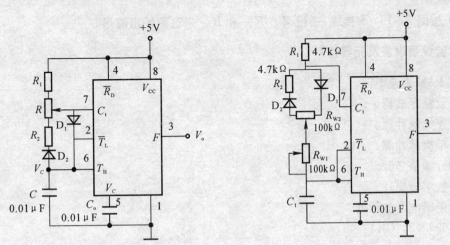

图 2-15-4　占空比可调的多谐振荡器　　图 2-15-5　占空比与频率均可调的多谐振荡器

占空比

$$P = \frac{t_{w1}}{t_{w1} + t_{w2}} \approx \frac{0.7R_A C}{0.7C(R_A + R_B)} = \frac{R_A}{R_A + R_B}$$

可见,若取 $R_A = R_B$,电路即可输出占空比为 50% 的方波信号。

(4) 组成占空比连续可调并能调节振荡频率的多谐振荡器。如图 $2-15-5$ 所示,对 C_1 充电时,充电电流通过 R_1,D_1,R_{W2} 和 R_{W1};放电时通过 R_{W1},R_{W2},D_2,R_2。当 $R_1 = R_2$,R_{W2} 调至中心点时,因充放电时间基本相等,其占空比约为 50%,此时调节 R_{W1} 仅改变频率,占空比不变。如 R_{W2} 调至偏离中心点,再调节 R_{W1},不仅振荡频率改变,而且对占空比也有影响。R_{W1} 不变,调节 R_{W2},仅改变占空比,对频率无影响。因此,当接通电源后,应首先调节 R_{W1} 使频率至规定值,再调节 R_{W2},以获得需要的占空比。若频率调节的范围比较大,还可以改变 C_1 的值。

【预习要求】

(1)复习有关 555 定时器的工作原理及其应用。

(2)拟定实验中所需的数据、表格等。

(3)拟定各次实验的步骤和方法。

【实验内容】

1.单稳态触发器

(1) 按图 $2-15-2$ 连线,取 $R = 100\text{k}\Omega$,$C = 47\mu\text{F}$,输入信号 V_i 由单次脉冲源提供,用双踪示波器观测 V_i,V_C,V_o 波形。测定幅度与暂稳时间。

(2) 将 R 改为 $1\text{k}\Omega$,C 改为 $0.1\mu\text{F}$,输入端加 1kHz 的连续脉冲,观测波形 V_i,V_C,V_o,测定幅度及暂稳时间。

2.多谐振荡器

(1) 按图 $2-15-3$ 接线,用双踪示波器观测 V_C 与 V_o 的波形,测定频率。

(2) 按图 $2-15-4$ 接线,组成占空比为 50% 的方波信号发生器。观测 V_C,V_o 波形,测定波形参数。

(3) 按图 $2-15-5$ 接线,通过调节 R_{W1} 和 R_{W2} 来观测输出波形。

【实验仪器设备及元器件】

(1)+5V 直流电源。

(2)双踪示波器。

(3)连续脉冲源。

(4)单次脉冲源。

(5)音频信号源。

(6)数字频率计。

(7)逻辑电平显示器。

(8)555×2,2CK13×2。

(9)电位器、电阻、电容若干。

【思考题】

绘出详细的实验线路图,定量绘出观测到的波形,分析、总结实验结果。

实验 2.16　D/A,A/D 转换器

【实验目的】

(1)了解 D/A 和 A/D 转换器的基本工作原理和基本结构。

(2)掌握大规模集成 D/A 和 A/D 转换器的功能及其典型应用。

【预习要求】

(1)复习有关 D/A 和 A/D 转换器的工作原理。

(2)复习有关 D/A 和 A/D 转换器的功能及其典型应用。

(3)拟定实验中所需的数据、表格等。

【实验内容】

1. D/A 转换器——DAC0832

(1)按图 2 - 16 - 1 接线,电路接成直通方式,即 $\overline{CS}$, $\overline{WR_1}$, $\overline{WR_2}$, $\overline{XFER}$ 接地;ILE, V_{CC}, V_{REF} 接 +5V 电源;$D_0 \sim D_7$ 接逻辑开关的输出插口,输出端 V_o 接直流数字电压表。

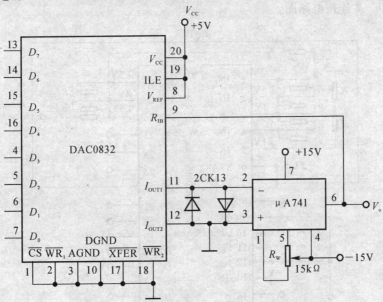

图 2 - 16 - 1　DAC0832 实验原理图

(2)调零,令 $D_0 \sim D_7$ 全置零,调节运算放大器的电位器 μA741 输出为零。

(3)按表 2 - 16 - 1 所列的输入数字信号,用数字电压表测量运算放大器的输出电压 V_o,将测量结果填入表 2 - 16 - 1 中,并与理论值进行比较。

表 2-16-1

输入数字量								输出模拟量 V_o/V
D_7	D_6	D_5	D_4	D_3	D_2	D_1	D_0	$V_{cc} = +5V$
0	0	0	0	0	0	0	0	
0	0	0	0	0	0	0	1	
0	0	0	0	0	0	1	0	
0	0	0	0	0	1	0	0	
0	0	0	0	1	0	0	0	
0	0	0	1	0	0	0	0	
0	0	1	0	0	0	0	0	
0	1	0	0	0	0	0	0	
1	0	0	0	0	0	0	0	
1	1	1	1	1	1	1	1	

2. A/D 转换器——ADC0809

按图 2-16-2 连接电路图。

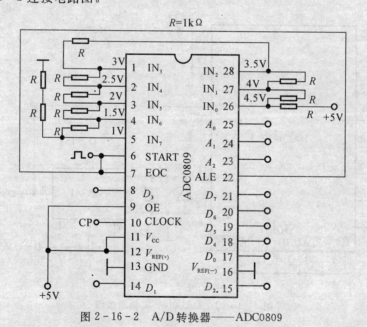

图 2-16-2 A/D 转换器——ADC0809

(1)8 路输入模拟信号 1~4.5V,由+5V 电源经电阻 R 分压组成,变换结果 $D_0 \sim D_7$ 接逻辑电平显示器输入插口,CP 时钟脉冲由计数脉冲源提供,取 $f = 100kHz$;$A_0 \sim A_2$ 地址端接逻辑电平输出插口。

(2)接通电源后,在启动端(START)加一正单次脉冲,下降沿一到即开始 A/D 转换。

(3)按表 2-16-2 的要求观察,记录 $IN_0 \sim IN_7$ 八路模拟信号的转换结果,将转换结算成十进制数表示的电压值,并与数字电压表实测和各路输入电压值进行比较,分析误差原因。

表　2-16-2

被选模拟通道	输入模拟量	地　址			输出数字量								
IN_0	V_i/V	A_2	A_1	A_0	D_7	D_6	D_5	D_4	D_3	D_2	D_1	D_0	十进制
IN_1	4.5	0	0	0									
IN_2	4.0	0	0	1									
IN_3	3.5	0	1	0									
IN_4	3.0	0	1	1									
IN_5	2.5	1	0	0									
IN_6	2.0	1	0	1									
IN_7	1.5	1	1	0									
IN_8	1.0	1	1	1									

【实验仪器设备及元器件】

(1)+5V,±15V 直流电源。

(2)双踪示波器。

(3)计数脉冲源。

(4)逻辑电平开关。

(5)逻辑电平显示器。

(6)直流数字电压表。

(7)DAC0832,ADC0809,μA741,电位器,电阻,电容若干。

【思考题】

图 2-16-2 电路中,为什么脚 9、脚 12 接+5V 电源处?

第 3 部分　数字电子技术仿真实验

实验 3.1　分立元件特性测试仿真实验

逻辑门电路是构成各种数字系统的基本单元。所谓"门"就是一种条件开关,是实现一些基本逻辑关系的电路。用来接通或断开电路的门器件应具有两种工作状态:一种是接通(要求其阻抗很小,相当于短路),另一种是断开(要求其阻抗很大,相当于开路)。在数字电路中,二极管和三极管(BJT)工作在开关状态。它们在脉冲信号的作用下,时而导通,时而截止,相当于开关的"接通"和"关断"。研究它们的开关特性,就是具体分析导通和截止之间的转换问题。当脉冲信号频率很高时,开关状态变化的速率非常快,可达每秒百万次数量级,这就要求器件的导通与截止两种状态的转换要在微秒甚至纳秒数量级的时间内完成。

本实验重点是对二极管和三极管的开关特性做一测试和仿真,并对由三极管构成的 TTL 集成与非门传输特性进行仿真分析。期间,初步学习数字电路测试仿真时常用的各种仪器仪表和测试方法。

3.1.1　二极管开关特性测试与分析

1. 工作原理

(1)二极管工作原理。晶体二极管为一个由 p 型半导体和 n 型半导体形成的 p-n 结,在其界面处两侧形成空间电荷层,并建有自建电场。当不存在外加电压时,由于 p-n 结两边载流子浓度差引起的扩散电流和自建电场引起的漂移电流相等而处于电平衡状态。

当外界有正向电压偏置时,外界电场和自建电场的互相抑消作用使载流子的扩散电流增加,引起了正向电流。

当外界有反向电压偏置时,外界电场和自建电场进一步加强,形成在一定反向电压范围内与反向偏置电压值无关的反向饱和电流 I_0。

当外加的反向电压高到一定程度时,p-n 结空间电荷层中的电场强度达到临界值,产生载流子的倍增过程,产生大量电子空穴对,产生了数值很大的反向击穿电流,称为二极管的击穿现象。

(2)二极管的导电特性。二极管最重要的特性就是单向导电性。在电路中,电流只能从二极管的正极流入,负极流出。下面通过简单的电路说明二极管的正向特性和反向特性。

1)正向特性。在电子电路中,将二极管的正极接在高电位端,负极接在低电位端,二极管就会导通,这种连接方式,称为正向偏置。必须说明,当加在二极管两端的正向电压很小时,二极管仍然不能导通,流过二极管的正向电流十分微弱。只有当正向电压达到某一数值(这一数值称为门槛电压,锗管约为 0.2V,硅管约为 0.6V)以后,二极管才能真正导通。导通后二极管两端的电压基本上保持不变(锗管约为 0.3V,硅管约为 0.7V),称为二极管的正向压降。

2) 反向特性。在电子电路中,二极管的正极接在低电位端,负极接在高电位端,二极管中几乎没有电流流过,二极管处于截止状态,这种连接方式,称为反向偏置。二极管处于反向偏置时,仍然会有微弱的反向电流流过二极管,称为漏电流。当二极管两端的反向电压增大到某一数值时,反向电流会急剧增大,二极管将失去单方向导电特性,这种状态称为二极管的击穿。

2.测试电路创建

(1)在元器件库中单击(Group)sources,列表中选择(Family)Power_ sources,元器件列表(Component)选中 DC_Power,单击"OK"确认取出 5V 电源。

(2)依此类推,其他元器件可参照以下说明取用。

R1 电阻在(Group)Basic→(Family)Resistor→(Component)1K 5%。

J1 开关在(Group)Basic→(Family)Switch→(Component)SPDT。

D1,D2 二极管在(Group)Diodes→(Family)Diode→(Component)IN3064。

3.测试方法说明

当 J1 开关如图 3-1-1 所示,D1 二极管处于正向导通状态,只要测量 D1 正端电压即为正向导通电压。使用空格键(Space)切换 J1 开关到另一端后,D2 二极管处于反向截止状态,只要测量 D2 反端电压即为反向截止电压。电压测量可以使用万用表(Multimeter)或者测量探头(Measurement Probe),本例中使用可实时显示各种参数的测量探头。

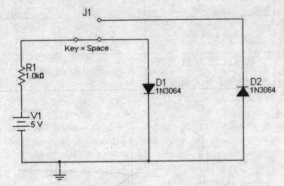

图 3-1-1　二极管开关特性仿真电路

4.测试结果分析

打开菜单"Simulate"中的"Run"即可开始仿真,也可以使用"F5"快捷键完成,此键为开关键,再次按键即为停止仿真。正向特性仿真结果如图 3-1-2 所示,反向特性仿真结果如图 3-1-3 所示。由图可知,D1 管正向导通电压为 651mV,D2 管反向截止时其负端电压即为电源电压 5V。

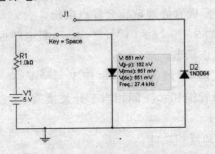

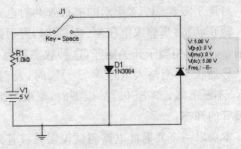

图 3-1-2　二极管正向特性仿真电路　　　　　图 3-1-3　二极管反向特性仿真电路

3.1.2 三极管开关特性测试与分析

1. 工作原理

三极管可以分为三个工作区域:放大区、截止区和饱和区。对应这三个工作区域,三极管具有放大、截止和饱和三种工作状态如表 3-1-1 所示。在数字电路中,三极管作为开关主要工作于截止和饱和两种状态,而放大状态是截止和饱和之间的过渡状态,它主要应用于模拟电路中。

表 3-1-1　三极管截止、放大、饱和工作状态特点

工作状态		截　止	放　大	饱　和
条件		$i_B \approx 0$	$0 < i_B < \dfrac{I_{CS}}{\beta}$	$i_B \geqslant \dfrac{I_{CS}}{\beta}$
工作特点	偏置情况	发射结和集电结均为反偏	发射结正偏 集电结反偏	发射结和集电结均正偏
	i_C	$i_C \approx 0$	$i_C \approx \beta i_B$	$i_C \leqslant I_{CS} \approx \dfrac{V_g}{R_c}$ 且不随 i_B 增加而增加
	管压降	$V_{CEO} \approx V_g$	$V_{CE} V_g i_C R_c$	$V_{CES} \approx 0.3V$(硅管) $V_{CES} \approx 0.1V$(锗管)
	c,e 间等效电阻	很大,约为数百千欧,相当于开关断开	可变	很小,约为数百欧姆,相当于开关闭合

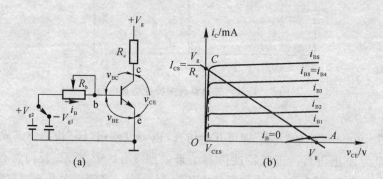

图 3-1-4　三极管共射电路工作状态

对应于图 3-1-4 所示的三极管共射电路,设 V_g 为三极管导通截止分界点电压。

截止状态:当输入电压 $V_i < V_g$ 时,发射结反偏,$I_B = I_C = I_E \approx 0$,$V_{CE} \approx V_{CC}$,集电结也反偏。c,e 间相当于开关断开,这种状态称为三极管的截止状态。

导通状态:当输入电压 $V_i > V_g$ 时,发射结正偏,I_B,I_C 增大,输出电压 $V_{CE} = V_{CC} - I_C R_c$ 不断下降。降至 0.7V 以下时,集电结也正偏,三极管饱和,c,e 间相当于开关接通,称为三极管的开态。

本例以一个共射极电路测试说明三极管的开关特性和反相功能。

2. 测试电路创建

(1)在元器件库中单击(Group)sources,列表中选择(Family)Power_ sources,元器件列表(Component)选中 DC_Power,单击"OK",确认取出电源 V1。双击 V1,修改参数为 8V,一样可以取出 V2 电源。

(2)其他元器件可参照以下说明取用,测试电路如图 3-1-5 所示。

1)R1,R2,R3 电阻在(Group)Basic→(Family)Resistor→(Component)中分别取 20K 5%,20K 5%,1K 5%。

2)Q1 三极管在(Group)Transistor→(Family)BJT-NPN→(Component)2N2222A。

3)V3 在(Group)sources→(Family)Signal_Voltage→(Component)clock_Voltage。

4)XSC1 示波器在仿真菜单"Simulate"的仪器库"instruments"中取"Oscilloscope"。

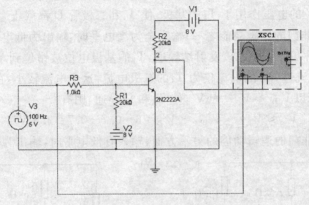

图 3-1-5　三极管开关特性仿真电路

3. 测试方法说明

将输入矩形波和三极管集电极输出波形一同加到示波器的两路输入上,注意示波器每个输入端口的负端应该接地。如果图中有地的图标,负端就可以不接地,系统默认已接地。双击示波器图标,打开示波器界面,如图 3-1-6 所示。调整参数如下:

时间基准:　　　　　　　TimeBase=5ms/Div,X position=0

通道 A(输入信号):　　　Scale=10V/Div,Y position=1.6

通道 B(输出信号):　　　Scale=10V/Div,Y position=-1.4

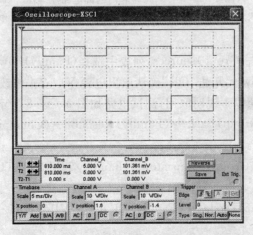

图 3-1-6　三极管开关特性输入输出波形

4. 测试结果分析

如图 3-1-6 所示,观察输入波形和输出波形可以得出,输入和输出信号频率相同,只是相位差为 $180°$,也就是正好输出信号矩形波是输入信号的翻转信号,说明了三极管具有反相的功能。

3.1.3 TTL 与非门电压传输特性测试与分析

1. 工作原理

(1)输入全为高电平 3.6V 时。T_2,T_3 导通,$V_{B1}=0.7×3=2.1V$,从而使 T_1 的发射结因反偏而截止。此时 T_1 的发射结反偏,而集电结正偏,称为倒置放大工作状态。由于 T_3 饱和导通,输出电压为 $V_o=V_{CES3}≈0.3V$。这时 $V_{E2}=V_{B3}=0.7V$,而 $V_{CE2}=0.3V$,故有 $V_{C2}=V_{E2}+V_{CE2}=1V$。1V 的电压作用于 T_4 的基极,使 T_4 和二极管 D 都截止。

可见,实现了与非门的逻辑功能之一:输入全为高电平时,输出为低电平。

(2)输入有低电平 0.3V 时。该发射结导通,T_1 的基极电位被钳位到 $V_{B1}=1V$。T_2,T_3 都截止。由于 T_2 截止,流过 R_{c2} 的电流仅为 T_4 的基极电流,这个电流较小,在 R_{c2} 上产生的压降也较小,可以忽略,所以 $V_{B4}≈V_{CC}=5V$,使 T_4 和 D 导通,则有

$$V_o≈V_{CC}-V_{BE4}-V_D=6-0.7-0.7=3.6 \text{ V}$$

可见,实现了与非门的逻辑功能的另一方面:输入有低电平时,输出为高电平。

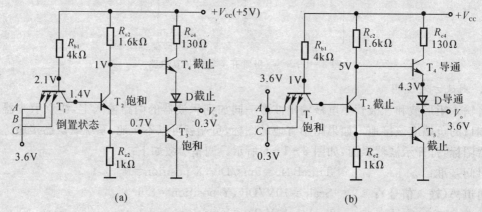

图 3-1-7 TTL 与非门内部电路原理图

(a)输入全为高电平时的工作情况; (b)输入有低电平时的工作情况

2. 测试电路创建

(1)在元器件库中单击(Group)sources,列表中选择(Family)Power_ sources,元器件列表(Component)选中 DC_Power,单击"OK"确认取出电源 V1,双击修改参数为 5V。

(2)其他元器件可参照以下说明取用,测试电路如图 3-1-8 所示。

1)R1～R4 电阻在(Group)Basic→(Family)Resistor→(Component)中分别取 4K 5%,1.6K 5%,130 5%,1K 5%。

2)Q1～Q4 三极管在(Group)Transistor→(Family)TRANSISTOR→(Component)BJT_NPN_VIRTUAL。

3)D1 二极管在(Group)Diodes→(Family)DIODES_VIRTUAL→(Component)DIODES_VIRTUAL。

注意输出端须要设置网络号,方法是在输出端的电线上右击,出现菜单后选择"属性",选取"Show"复选项即可显示网络号,如图 3-1-9 所示。

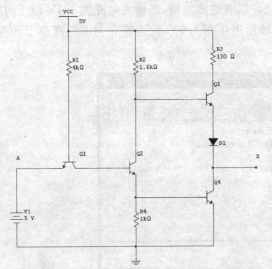

图 3-1-8　TTL 与非门电压传输特性测试电路图

图 3-1-9　与非门输出端网络号设置

3. 测试方法说明

本例电路非常简单,测试主要是由 Multisim9 的直流扫描分析(DC Sweep Analysis)功能完成,这一功能用来分析电路中某个节点的直流工作点随电路中一个或者两个直流电源变化的情况。具体使用方法如下:

(1)单击"Simulate"菜单中"Analysis"选项下的"DC Sweep Analysis"命令,弹出如图 3-1-10 所示的参数设置对话框,上方共有"Analysis Paramater"、"Output"、"Analysis Option"和"Summary"4 个标签设置项。功能说明如下:

Analysis Paramater:主要设置可变电源的起始电压、终止电压和步进电压等参数。

Output:主要设置需要分析的节点。

Analysis Option:选择是缺省仿真还是自定义仿真参数。

Summary:对前面分析设置进行汇总显示。

(2)本例"DC Sweep Analysis"参数设置如图 3-1-10 和图 3-1-11 所示。图 3-1-10 为可变电源设置,Source 为 vv1,起始电压 0V,终止电压 5V,步进电压 0.5V;图 3-1-11 为需要分析节点设置,本例已在与非门输出端设置了网络号 5,所以此处选择"$5"即可。

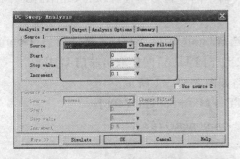

图 3-1-10　直流扫描分析的电压参数设置

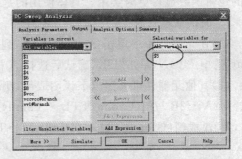

图 3-1-11　直流扫描分析的输出节点设置

4．测试结果分析

直流扫描分析结果如图 3-1-12 所示。可以清楚地看到，当输入电源为 1.4V 以下时，输出为高电平；当输出到达 1.8V 以上的时候，输出电压变为 0V，完全符合与非门理论上的电压传输特性。

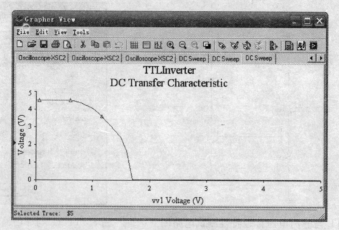

图 3-1-12　与非门电压传输特性曲线

实验 3.2　组合逻辑电路设计仿真实验

组合逻辑电路是数字电路中最简单的一类逻辑电路，其特点是功能上无记忆，结构上无反馈。即电路任一时刻的输出状态只决定于该时刻各输入状态的组合，而与电路的原状态无关。本节通过丰富的实例对各种组合逻辑电路进行仿真分析，几乎涵盖全部基本的组合逻辑电路，包括基本逻辑电路转换、键控 8421 编码器、数据分配器、跑马灯、全加器、码制电路转换、竞争冒险电路等 7 种类型。

3.2.1　基本逻辑电路转换仿真测试与分析

1．工作原理

在组合逻辑电路分析与设计过程中，经常将逻辑函数的几种表示方法（真值表、逻辑表达式、逻辑电路图等）相互转换，用 Multisim9 软件可以非常方便地完成这些过程，尤其对于多变量的逻辑函数显得更为实用。具体使用的是虚拟仪器中的逻辑转换仪（Logic Convertor）。

2．测试电路创建

（1）在元器件库中单击（Group）TTL，列表中选择（Family）74STD，元器件列表（Component）选中 7404N，单击"OK"确认后选择 A 模块取出非门 U1A，同样取出非门 U1B。

（2）其他元器件可参照以下说明取用，测试电路如图 3-2-1 所示。

U2A，U2B 与门（Group）TTL→（Family）74STD→（Component）7408J。

U3A 或门（Group）TTL→（Family）74STD→（Component）7432N。

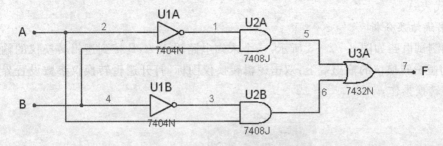

图 3-2-1　基本逻辑转换测试电路

3. 测试方法说明

本例测试主要围绕逻辑转换仪展开,必须熟悉对逻辑转换仪的操作。具体使用方法:单击"Simulate"菜单中"Insruments"选项下的"Logic Convertor"命令,取出一个逻辑转换仪放到工作区中,如图 3-2-2 所示。图中左侧图标中共有 9 个端口,左侧 8 个为输入变量接口,右侧 1 个为输出变量接口。图中右侧为参数设置对话框,共有 4 个功能区,分别为变量选择区、真值表区、转换类型选择区和逻辑表达式显示区。功能说明如下:

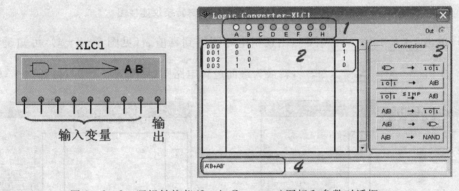

图 3-2-2　逻辑转换仪(Logic Convertor)图标和参数对话框

(1)变量选择区。如图 3-2-2 中 1 区,罗列了可供选择的 8 个输入变量,单击其中的某个变量,系统将自动将此变量加入真值表区域。

(2)真值表区。如图 3-2-2 中 2 区,左侧一栏显示输入组合序号,中间一栏为二进制显示输入变量的各种组合,右侧一栏为输出逻辑函数的值。

(3)转换类型选择区。

⊃→ 1 0 1	:将逻辑电路图转换为真值表。
1 0 1 → AIB	:将真值表转换为逻辑电路图。
1 0 1 SIMP AIB	:将真值表转换为最简逻辑电路图。
AIB → 1 0 1	:将逻辑表达式转换为真值表。
AIB → ⊃	:将逻辑表达式转换为逻辑电路图。
AIB → NAND	:将逻辑表达式转换为由与非门构成的逻辑电路图。

(4)逻辑表达式显示区。如图 3-2-2 中 4 区,在执行相应的功能后,逻辑表达式在这里

显示，A'代表$\overline{A}$。

4．测试结果分析

本例测试电路如图3-2-3所示，一个未知电路输入A,B接到逻辑转换仪的输入端，输出F接到逻辑转换仪的输出端上，双击逻辑转换仪图标，打开逻辑转换仪参数设置界面，开始如下各种转换操作。

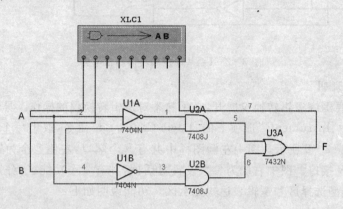

图3-2-3　逻辑电路和逻辑转换仪连接图

（1）单击 ，由逻辑电路图得到真值表（见图3-2-4），可知是异或门。

（2）单击 ，转换为最简逻辑电路图（见图3-2-5），得到$F=\overline{A}B+A\overline{B}$。

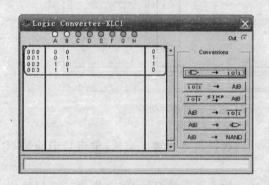

图3-2-4　将逻辑电路图转换为真值表

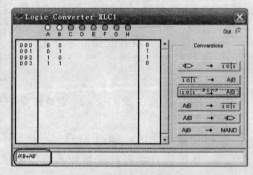

图3-2-5　将真值表转换为最简逻辑电路图

（3）单击 ，将逻辑表达式转换为由与非门构成的逻辑电路图（见图3-2-6）。

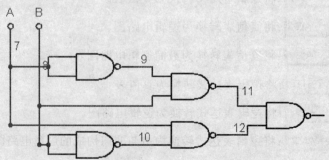

图3-2-6　转换后的由与非门构成的逻辑电路图

3.2.2　键控 8421BCD 编码器设计与仿真

1. 工作原理

键控 8421BCD 编码器电路是常用的一类编码器,如图 3-2-7 所示,左端的 10 个按键 $S_0 \sim S_9$ 代表输入的 10 个十进制数符号 0~9,输入为低电平有效。即:某一按键按下,对应的输入信号为 0。输出对应的 8421 码,所以有 4 个输出端 A, B, C, D。由真值表 3-2-1 写出各输出的逻辑表达式为

$$A = \overline{S_8} + \overline{S_9} = \overline{S_8 S_9}, \quad B = \overline{S_4} + \overline{S_5} + \overline{S_6} + \overline{S_7} = \overline{S_4 S_5 S_6 S_7}$$

$$C = \overline{S_2} + \overline{S_3} + \overline{S_6} + \overline{S_7} = \overline{S_2 S_3 S_6 S_7}, \quad D = \overline{S_1} + \overline{S_3} + \overline{S_5} + \overline{S_7} + \overline{S_9} = \overline{S_1 S_3 S_5 S_7 S_9}$$

表 3-2-1　键控 8421BCD 码编码器真值表

输　入										输　出				
S_9	S_8	S_7	S_6	S_5	S_4	S_3	S_2	S_1	S_0	A	B	C	D	GS
1	1	1	1	1	1	1	1	1	1	0	0	0	0	0
1	1	1	1	1	1	1	1	1	0	0	0	0	0	1
1	1	1	1	1	1	1	1	0	1	0	0	0	1	1
1	1	1	1	1	1	1	0	1	1	0	0	1	0	1
1	1	1	1	1	1	0	1	1	1	0	0	1	1	1
1	1	1	1	1	0	1	1	1	1	0	1	0	0	1
1	1	1	1	0	1	1	1	1	1	0	1	0	1	1
1	1	1	0	1	1	1	1	1	1	0	1	1	0	1
1	1	0	1	1	1	1	1	1	1	0	1	1	1	1
1	0	1	1	1	1	1	1	1	1	1	0	0	0	1
0	1	1	1	1	1	1	1	1	1	1	0	0	1	1

画出逻辑图,如图 3-2-7 所示。其中 GS 为控制使能标志。当按下 $S_0 \sim S_9$ 任意一个键时,GS=1,表示有信号输入;当 $S_0 \sim S_9$ 均没按下时,GS=0,表示没有信号输入,此时的输出代码 0000 为无效代码。

2. 测试电路创建

(1)在元器件库中单击(Group)TTL,列表中选择(Family)74STD,元器件列表(Component)选中 7400N,单击"OK"确认后选择 A 模块取出与非门 U1A,同样取出与非门 U1B 和 U4A。

(2)其他元器件可参照以下说明取用,测试电路如图 3-2-8 所示。

1) U2A,U2B,U3A 四输入与非门(Group)TTL → (Family)74STD → (Component)7420N。

2)U5B 三输入或非门(Group)TTL→(Family)74STD→(Component)7427N。

3)U6A 二输入或门(Group)TTL→(Family)74STD→(Component)7432N。

4）R1～R10 电阻在（Group）Basic→（Family）Resistor→（Component）取 10K 5％。

5）J0～J9 单刀单掷开关在（Group）Basic→（Family）Switch→（Component）取 DIPSW1。

6）A，B，C，D，GS 指示灯在（Group）Indicators→（Family）PROBE→（Component）取 PROBE_DIG_RED。

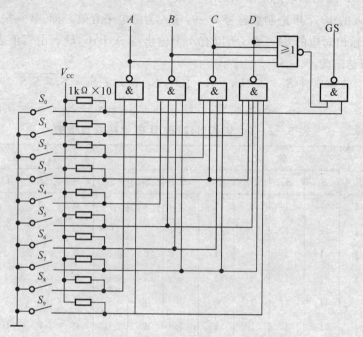

图 3－2－7　键控 8421BCD 码编码器原理图

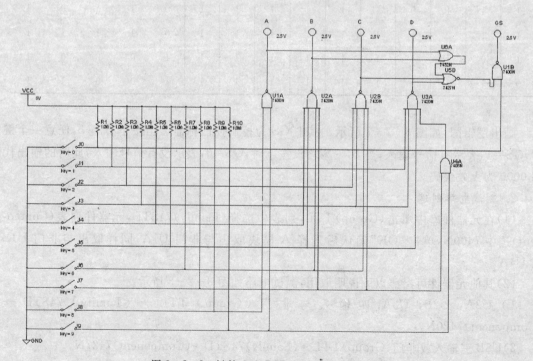

图 3－2－8　键控 8421BCD 码编码器仿真电路

3. 测试方法说明

根据表 3-2-2 所示,按照输入 10 个变量的取值来确定 J0 到 J9 的 10 个单刀单掷开关的动作,取值为 1 时开关闭合,取值为 0 时开关打开,遍历所有 10 种不同的情况,验证表 3-2-1 所示真值表的正确性。

4. 测试结果分析

表 3-2-2　键控 8421BCD 码编码器测试结果真值表

输 入										输 出				
S_9	S_8	S_7	S_6	S_5	S_4	S_3	S_2	S_1	S_0	A	B	C	D	GS
1	1	1	1	1	1	1	1	1	1	○	○	○	○	○
1	1	1	1	1	1	1	1	1	0	○	○	○	○	✹
1	1	1	1	1	1	1	1	0	1	○	○	○	✹	✹
1	1	1	1	1	1	1	0	1	1	○	○	✹	○	✹
1	1	1	1	1	1	0	1	1	1	○	○	✹	✹	✹
				…								…		
0	1	1	1	1	1	1	1	1	1	✹	○	○	✹	✹

注:○表示灯灭,✹表示灯亮。

3.2.3　数据分配器的设计与仿真

1. 工作原理

数据分配器——将一路输入数据根据地址选择码分配给多路数据输出中的某一路输出。它的作用与如图 3-2-9 所示的单刀多掷开关相似。

由于译码器和数据分配器的功能非常接近,所以译码器一个很重要的应用就是构成数据分配器,如图 3-2-10 所示。也正因为如此,市场上没有集成数据分配器产品,只有集成译码器产品。当需要数据分配器时,可以用译码器改接。

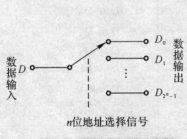

图 3-2-9　数据分配器示意图

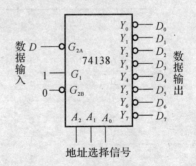

图 3-2-10　用译码器构成数据分配器示意图

2. 测试电路创建

(1)在元器件库中单击(Group)sources,列表中选择(Family)Power_ sources,元器件列表(Component)选中 VCC,单击"OK"确认取出电源。

(2)其他元器件可参照以下说明取用,电路图如图 3-2-11 所示。

1）U1 3－8 线译码器(Group)TTL→(Family)74LSTD→(Component)74LS138N。

2）R1～R3 电阻在(Group)Basic→(Family)Resistor→(Component)取 1K 5％。

3）A,B,C 单刀单掷开关在(Group)Basic→(Family)Switch→(Component)取 DIPSW1。

4）X1～X8 指示灯在(Group)Indicators→(Family)PROBE→(Component)取 PROBE_DIG_RED。

5）V1 在(Group)sources→(Family)Signal_Voltage→(Component)clock_Voltage。

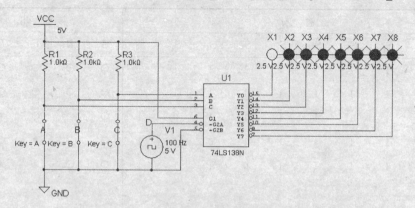

图 3 - 2 - 11   用译码器构成数据分配器仿真电路图

3.测试方法说明

给输入端 D 加上 100Hz 方波,分别控制 A,B,C 三个单刀单掷开关,相应的指示灯将按照 100Hz 的规律闪烁。

4.测试结果分析

测试结果如表 3 - 2 - 3 所示。

表 3 - 2 - 3   测试得到的数据分配器功能表

地址选择信号			输　出
A_2	A_1	A_0	
0	0	0	$D = D_0$
0	0	1	$D = D_1$
0	1	0	$D = D_2$
0	1	1	$D = D_3$
1	0	0	$D = D_4$
1	0	1	$D = D_5$
1	1	0	$D = D_6$
1	1	1	$D = D_7$

3.2.4   16 位跑马灯电路设计与仿真

1.工作原理

74138 是一种典型的二进制译码器,它有 3 个输入端 A_2,A_1,A_0,8 个输出端 $Y_0 \sim Y_7$,所

以常称为 3-8 线译码器,属于全译码器。输出为低电平有效,G_1,G_{2A} 和 G_{2B} 为使能输入端。利用译码器的使能端可以方便地扩展译码器的容量。图 3-1-24 所示是将两片 74138 扩展为 4-16 线译码器。

其工作原理:当 $E=1$ 时,两个译码器都禁止工作,输出全 1;当 $E=0$ 时,译码器工作。这时,如果 $A_3=0$,高位片禁止,低位片工作,输出 $Y_0 \sim Y_7$ 由输入二进制代码 $A_2A_1A_0$ 决定;如果 $A_3=1$,低位片禁止,高位片工作,输出 $Y_8 \sim Y_{15}$ 由输入二进制代码 $A_2A_1A_0$ 决定。这样就实现了 4-16 线译码器功能。

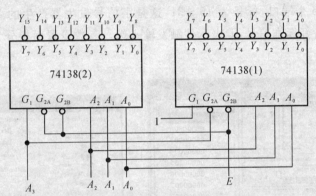

图 3-2-12 两片 74138 扩展成 4-16 线译码器电路原理图

2. 测试电路创建

(1)在元器件库中单击(Group)sources,列表中选择(Family)Power_ sources,元器件列表(Component)选中 DC_Power,单击"OK"确认取出 5V 电源。

(2)其他元器件可参照以下说明取用,电路图如图 3-2-13 所示。

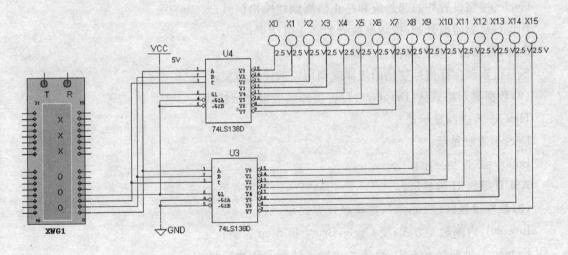

图 3-2-13 由译码器构成 16 位跑马灯电路仿真电路图

1)U3,U4 3-8 线译码器(Group)TTL→(Family)74STD→(Component)74138D。

2)X0~X15 指示灯在(Group)Indicators→(Family)PROBE→(Component)取 PROBE_

DIG_RED。

3)XWG1 32 位字信号发生器 Simulate→Instruments→Word Generator

3. 测试方法说明

本例主要是测试两片 74138 构成的 4-16 线译码器的工作情况。测试方法是在输入处加上字信号发生器(Word Generator)来产生按 0~15 顺序变化的 4 位输入变量,使得输出指示灯按规律变化。

字信号发生器的图标和参数设置框如图 3-2-14 所示。图标左侧有 0~15 共 16 个端口,右侧也同样有 16 个端口,标号为 16~31,这是字信号发生器产生的 32 路数字信号输出端,底部 R 表示准备好标志信号,T 表示外触发输入端。参数设置面板分为 6 个不同功能区,含义如下:

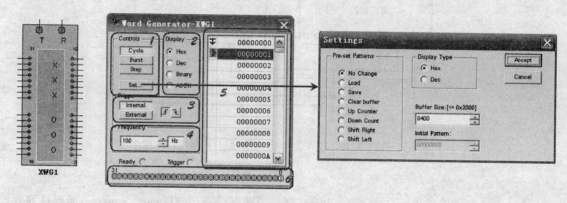

图 3-2-14 字信号发生器图标和参数设置框

(1)控制区(Controls):设置输出信号工作方式。分别有:

Cycle:按照设置好的起始值和终止值周期性输出信号;

Brust:从起始值开始,按频率执行到终止值结束;

Step:每单击一次鼠标执行一步;

Set:设置和保存信号变化的规律或调用以前设置的文件。

(2)数据显示格式区(Display):设置缓冲区数据显示格式。

Hex:十六进制显示;

Dec:十进制显示;

Binary:二进制显示;

ASCII:ASCII 码显示。

(3)触发设置区(Trigger):选择触发方式。

Internal:内部触发方式,受 Cycle,Brust 和 Step 控制;

External:外部触发方式,受 T 端口输入的触发脉冲控制。

(4)频率设置区(Frequency):设置输出字信号频率。

(5)缓存数据设置区:显示和设置产生的数据。

(6)输出显示区:按二进制位显示当前运行的 32 位数据。

4. 测试结果分析

本例工作中字信号发生器设置为"Cycle"方式,"Hex"显示,"Internal"内部触发方式,起始值为 0,终止值为 15,工作结果如图 3-2-15 所示。

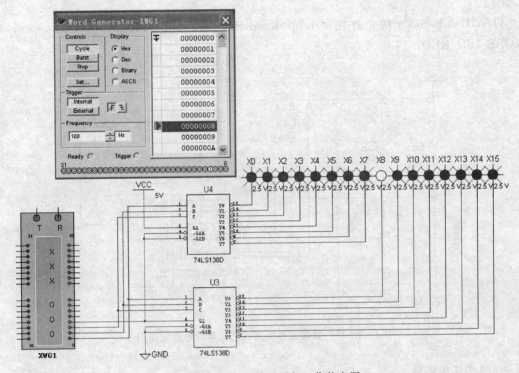

图 3-2-15　16 位跑马灯工作状态图

3.2.5　全加器电路设计与仿真

1. 工作原理

数据选择器根据地址选择码从多路输入数据中选择一路,送到输出。它的作用与图 3-2-16 所示的单刀多掷开关相似。常用的数据选择器有 4 选 1,8 选 1,16 选 1 等多种类型。

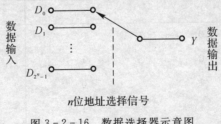

图 3-2-16　数据选择器示意图

2. 测试电路创建

(1)在元器件库中单击(Group)TTL,列表中选择(Family)74STD,元器件列表(Component)选中 7404N,单击"OK"确认后选择 A 模块,取出非门 U2A。

(2)其他元器件可参照以下说明取用,电路图如图 3-2-17 所示。

1)U1 双 4 选 1 数选器(Group)TTL→(Family)74STD→(Component)74153N。

2)R1～R3 电阻在(Group)Basic→(Family)Resistor→(Component)取 1K 5%。

3)JA,JB,JC 单刀单掷开关在（Group）Basic→（Family）Switch→（Component）取 DIPSW1。

4)A,B,Cn1,S,Cn 指示灯在（Group）Indicators→（Family）PROBE→（Component）取 PROBE_DIG_RED。

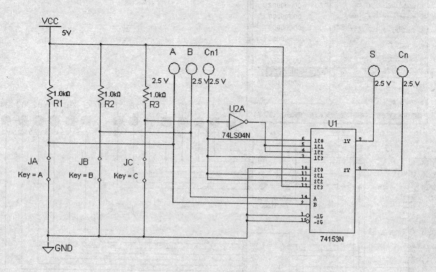

图 3-2-17　数据选择器完成全加器的仿真电路图

3. 测试方法说明

将 JA 和 JB 当做全加器的两个加数输入,JC 为低位进位信号,S 为本位和值,C_n 为本位进位值,JA,JB,JC 闭合为 0,打开为 1,分别观察 A,B,Cn1,S,Cn 五个指示灯,灯亮为 1,灯灭为 0,测试全加器的各种组合。

4. 测试结果分析

表 3-2-4　仿真测试得到的全加器真值表

输　入			输　出	
A	B	C_{n-1}	S	C_n
0	0	0	0	0
0	0	1	1	0
0	1	0	1	0
0	1	1	0	1
1	0	0	1	0
1	0	1	0	1
1	1	0	0	1
1	1	1	1	1

根据表 3-2-4 得到的真值表可知,数据选择器完成了全加器的完整功能。根据这一原理,数据选择器可以完成三变量的各种逻辑函数。

3.2.6　BCD 码制转换电路器设计与仿真

1. 工作原理

8421 码和 5421 码均为有权码,参照表 3-2-5 所示可知,两种码制的 0~4 一致,而从 5 开始 5421 码编码相当于 8421 码加上 0011。因此,可以使用 4 位比较器 74LS85 完成对数据的比较,用 74LS283 完成加法运算。

表 3 - 2 - 5　8421 码与 5421 码对照表

序　号	8421 码	5421 码	序　号	8421 码	5421 码
0	·0000	0000	5	0101	1000
1	0001	0001	6	0110	1001
2	0010	0010	7	0111	1010
3	0011	0011	8	1000	1011
4	0100	0100	9	1001	1100

2. 测试电路创建

(1)在元器件库中单击(Group)sources,列表中选择(Family)Power_ sources,元器件列表(Component)选中 VCC,单击 OK 确认取出电源 5V。

(2)其他元器件可参照以下说明取用,电路图如图 3-2-18 所示。

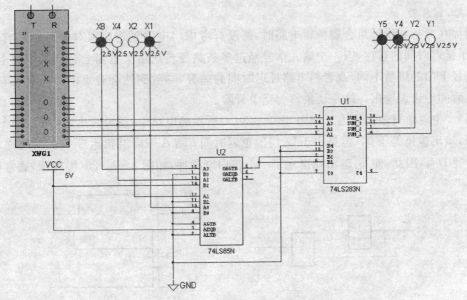

图 3 - 2 - 18　8421 码转换 5421 码的仿真电路

1)U1 四位加法器(Group)TTL→(Family)74LS→(Component)74LS283N。

2)U2 四位比较器(Group)TTL→(Family)74LS→(Component)74LS85N。

3)X8,X4,X2,X1 和 Y5,Y4,Y2,Y1 指示灯在(Group)Indicators→(Family)PROBE→(Component)取 PROBE_DIG_RED。

4)XWG1 32 位字信号发生器 Simulate→Instruments→Word Generator。

3. 测试方法说明和结果观察

根据表 3-2-5 8421 码和 5421 码的对照表,对字信号发生器设置如图 3-2-19 所示,"Cycle"方式,"Hex"显示,"Internal"内部触发方式,起始值为 0,终止值为 9,运行观察 8421 码指示灯 X8X4X2X1 和 5421 码指示灯 Y5Y4Y2Y1 是否按照对照表工作。

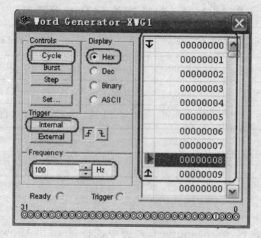

图 3-2-19 字信号发生器设置

3.2.7 竞争冒险电路仿真与分析

1. 工作原理

前面在分析和设计组合逻辑辑电路时,都没有考虑门电路延迟时间对电路的影响。实际上,由于延迟时间的存在,当一个输入信号经过多条路径传送后又重新会合到某个门上,由于不同路径上门的级数不同,或者门电路延迟时间的差异,导致到达会合点的时间有先有后,从而产生瞬间的错误输出。这一现象称为竞争冒险。

(1)产生竞争冒险的原因。如图 3-2-20(a)所示的电路中,逻辑表达式为 $L = A\overline{A}$,理想情况下,输出应恒等于 0。但是由于 G_1 门的延迟时间 t_{pd},$\overline{A}$ 下降沿到达 G_2 门的时间比 A 信号上升沿晚 $1t_{pd}$,因此,使 G_2 输出端出现了一个正向窄脉冲,如图 3-2-20(b)所示,通常称之为"1 冒险"。

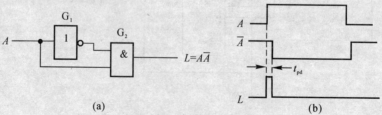

图 3-2-20 产生 1 冒险的原理示意图

(a)逻辑图; (b)波形图

同理,在图 3-2-21(a)所示的电路中,由于 G_1 门的延迟时间 t_{pd},使 G_2 输出端出现了一个负向窄脉冲,如图 3-2-21(b)所示,通常称之为"0 冒险"。

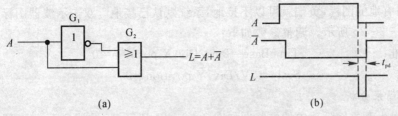

图 3-2-21　产生 0 冒险的原理示意图
(a)逻辑图;　(b)波形图

"0 冒险"和"1 冒险"统称冒险,是一种干扰脉冲,有可能引起后级电路的错误动作。产生冒险的原因是由于一个门(如 G_2)的两个互补的输入信号分别经过两条路径传输,由于延迟时间不同,而到达的时间不同。这种现象称为竞争。

(2)冒险现象的识别。可采用代数法来判断一个组合电路是否存在冒险。方法为:写出组合逻辑电路的逻辑表达式,当某些逻辑变量取特定值(0 或 1)时,如果表达式能转换为 $L = A\overline{A}$,则存在 1 冒险;如果表达式能转换为 $L = A + \overline{A}$,则存在 0 冒险。

实例如图 3-2-22 的电路图和图 3-2-23 所示的波形图。

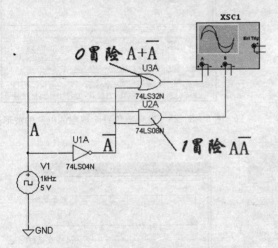

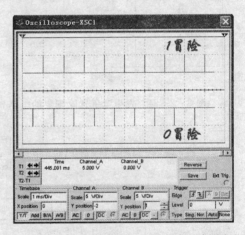

图 3-2-22　发生竞争冒险现象的仿真电路　　图 3-2-23　发生竞争冒险现象的仿真电路的波形图

2. 测试电路创建

(1)在元器件库中单击(Group)TTL,列表中选择(Family)74STD,元器件列表(Component)选中 7404N,单击"OK"确认后选择 A 模块,取出非门 U2A。

(2)其他元器件可参照以下说明取用。

1)U1A,U1B 与门(Group)TTL→(Family)74STD→(Component)7408N。

2)U3A 或门(Group)TTL→(Family)74STD→(Component)7432N。

3)R1~R2 电阻在(Group)Basic→(Family)Resistor→(Component)取 1K 5%。

4)A,B 单刀单掷开关在(Group)Basic→(Family)Switch→(Component)取 DIPSW1。

5)V1 在(Group)sources→(Family)Signal_Voltage→(Component)clock_Voltage。

3. 测试方法说明

将逻辑电路输出波形加到示波器的一路输入上,注意示波器每个输入端口的负端应该接地,如果图中有地的图标,负端就可以不接地,系统默认已接地。双击示波器图标,打开示波器界面,如图 3 - 2 - 25 所示。调整参数如下:

时间基准: TimeBase=2ms/Div,X position=0

通道 A: Scale=5V/Div,Y position=0

4. 测试结果分析

对应于发生竞争冒险现象的电路图如图 3 - 2 - 24 所示,示波器显示出如图 3 - 2 - 25 所示的毛刺现象;而对应于消除竞争冒险的修改后电路图如图 3 - 2 - 26 所示,示波器显示出如图 3 - 2 - 27 所示中下面一个波形,完全没有毛刺现象。

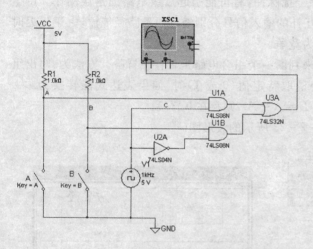

图 3 - 2 - 24　发生竞争冒险现象的电路

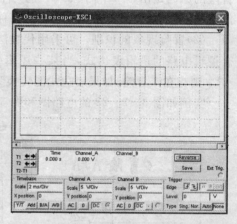

图 3 - 2 - 25　发生竞争冒险现象的电路的波形图

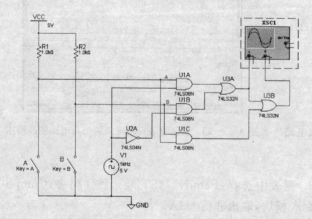

图 3 - 2 - 26　消除竞争冒险的修改后电路

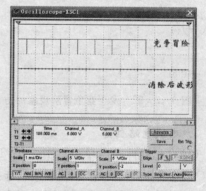

图 3 - 2 - 27　消除竞争冒险的修改后电路的波形图

实验 3.3　时序逻辑电路设计仿真实验

时序逻辑电路简称时序电路,定义为电路任何一个时刻的输出状态不仅取决于当时的输入信号,还与电路的原状态有关。时序电路与组合逻辑电路并驾齐驱,是数字电路两大重要分支之一。本节将通过八分频电路、24 进制计数器、可变进制计数器 3D 仿真等电路的仿真,对主要时序芯片 74LS74,74LS161,74LS90 等进行详细的分析和仿真。

3.3.1 八分频电路设计与仿真

1. 工作原理

74LS74 为单输入端的双 D 触发器。一个片子里封装着两个相同的 D 触发器,每个触发器只有一个 D 端,它们都带有直接置 0 端 R_D 和直接置 1 端 S_D,为低电平有效。CP 上升沿触发。74LS74 的逻辑符号和引脚排列分别如图 3-3-1(a)和(b)所示,功能表如表 3-3-1 所示。

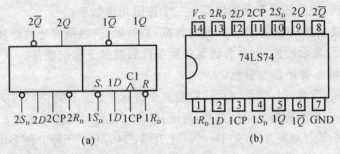

图 3-3-1 触发器 74LS74 逻辑符号和管脚图

表 3-3-1 74LS74 的功能表

输 入				输 出	
R_D	S_D	CP	D	Q	$\bar{Q}$
0	1	×	×	0	1
1	0	×	×	1	0
1	1	↑	0	0	1
1	1	↑	1	1	0

2. 测试电路创建

(1)在元器件库中单击(Group)sources,列表中选择(Family)Power_ sources,元器件列表(Component)选中 VCC,单击 OK 确认取出电源 5V。

(2)其他元器件可参照以下说明取用,电路图如图 3-3-2 所示。

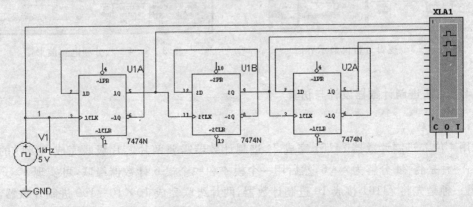

图 3-3-2 由 D 触发器构成的异步八分频仿真电路图

1) U1A,U1B,U2A D 触发器在 (Group) TTL→(Family) 74LS→(Component) 74LS74N。

2) V1 在 (Group) sources→(Family) Signal_Voltage→(Component) clock_Voltage。

3) XLA1 逻辑分析仪在菜单 Simulate→Instruments→Logic AnalyZer。

3. 测试方法说明及结果观察

逻辑分析仪图标(见图 3-3-3)左侧有 16 个信号输入端,底部 C 为外部时钟输入端,Q 为时钟控制输入端,T 为触发控制输入端。双击图标,打开波形显示界面,如图 3-3-3 所示。该界面共分为 5 个区域,它们含义分别如下:

(1)波形显示区:显示 16 路输入波形和时钟信号;

(2)显示控制区:控制波形显示和清除。三个按键功能如下:

Stop:若没有被触发,表示放弃已存储的数据;若被触发,表示停止波形显示。

Reset:清除已经显示的波形,并为满足触发条件后数据显示作准备。

Reverse:设置波形显示区背景色。

(3)游标控制区:读取 T1 和 T2 位置,控制两个游标位置并计算之间时间差。

(4)时钟控制区:控制每格显示脉冲数,可通过"Set"设置时钟脉冲来源。

(5)触发设置区:设置触发方式,有"Positive"上升沿、"Negative"下降沿和"Both"边沿 3 种。

本例中逻辑分析仪如图 3-3-3 所示,将输入信号作为外部触发输入加到 C 控制端上,将输入信号和 3 个 D 触发器的输出均加到逻辑分析仪的输入端口上。运行后调整逻辑分析仪的波形显示区参数,得到如图 3-3-4 所示的分频波形。

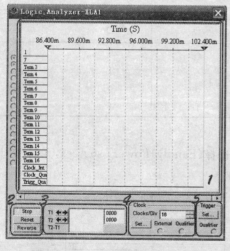

图 3-3-3 逻辑分析仪显示界面

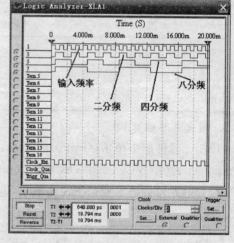

图 3-3-4 八分频电路波形图

3.3.2 24 进制计数器设计与仿真

1. 工作原理

采用 4 位二进制计数器 74161 完成 24 进制计数器需要两片芯片级联完成。级联的方法有两种:一种是将 24 分解为 4×6,然后用一个模 4 和一个模 6 计数器级联,可实现 4×6 的计数器;另一种是先将 74161 接成 10 进制计数器,两片级联完成 10×10=100 进制计数器,然后再利用清零法或者置数法实现 24 进制。其中第二种较为复杂和典型,我们就对第二种进行设计和仿真。

(1)4 位二进制同步加法计数器 74161。

表 3-3-2 74161 的功能表

清零	预置	使 能		时钟	预置数据输入				输 出				工作模式
R_D	L_D	EP	ET	CP	D_3	D_2	D_1	D_0	Q_3	Q_2	Q_1	Q_0	
0	×	×	×	×	×	×	×	×	0	0	0	0	异步清零
1	0	×	×	↑	d_3	d_2	d_1	d_0	d_3	d_2	d_1	d_0	同步置数
1	1	0	×	×	×	×	×	×	保		持		数据保持
1	1	×	0	×	×	×	×	×	保		持		数据保持
1	1	1	1	↑	×	×	×	×	计		数		加法计数

由表 3-3-2 可知,74161 具有以下功能:

1)异步清零。当 $R_D=0$ 时,不管其他输入端的状态如何,不论有无时钟脉冲 CP,计数器输出将被直接置零($Q_3Q_2Q_1Q_0=0000$),称为异步清零。

2)同步并行预置数。当 $R_D=1$,$L_D=0$ 时,在输入时钟脉冲 CP 上升沿的作用下,并行输入端的数据 $d_3d_2d_1d_0$ 被置入计数器的输出端,即 $Q_3Q_2Q_1Q_0=d_3d_2d_1d_0$。 由于这个操作要与 CP 上升沿同步,所以称为同步预置数。

3)计数。当 $R_D=L_D=EP=ET=1$ 时,在 CP 端输入计数脉冲,计数器进行二进制加法计数。

4)保持。当 $R_D=L_D=1$,且 $EP \cdot ET=0$,即两个使能端中有 0 时,则计数器保持原来的状态不变。这时,若 $EP=0$,$ET=1$,则进位输出信号 RCO 保持不变;若 $ET=0$,则不管 EP 状态如何,进位输出信号 RCO 为低电平 0。

图 3-3-5 所示为 74LS161 时序图。

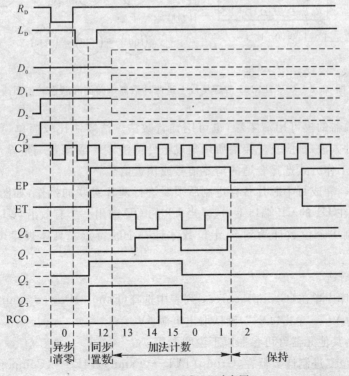

图 3-3-5 74LS161 时序图

(2)设计可实现任意进制计数电路。市场上能买到的集成计数器一般为二进制和8421BCD码十进制计数器,如果需要其他进制的计数器,可用现有的二进制或十进制计数器,利用其清零端或预置数端,外加适当的门电路连接而成。74LS161具有异步清零和同步置数功能,可以采取以下方法:

1)异步清零法。异步清零法适用于具有异步清零端的集成计数器。图3-3-6(a)所示是用集成计数器74161和与非门组成的六进制计数器。

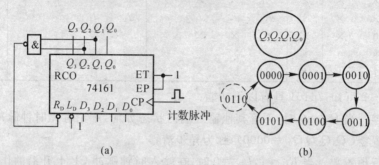

(a)　　　　　　　　　　　　(b)

图3-3-6　74LS161清零构成六进制计数器电路图和状态转换图

2)同步预置数法。同步预置数法适用于具有同步预置端的集成计数器。图3-3-7(a)所示是用集成计数器74161和与非门组成的七进制计数器。

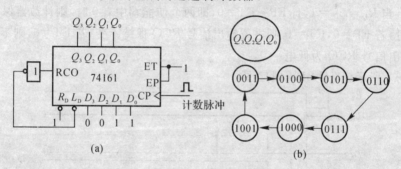

(a)　　　　　　　　　　　　(b)

图3-3-7　74LS161清零构成七进制计数器电路图和状态转换图

改变集成计数器的模可用清零法,也可用预置数法。清零法比较简单,预置数法比较灵活。但不管用哪种方法,都应首先搞清所用集成组件的清零端或预置端是异步还是同步工作方式,根据不同的工作方式选择合适的清零信号或预置信号。

(3)级联电路。完成每个芯片各自进制后须要进行两片级联的操作,如图3-3-8所示,U2的输出QD接在U1的CP端口上,这样当U2的QD输出一个有效沿,U1才计数一次,实现了类似于十进制中个位数计满到9,十位数才计一个的特点。具体规律可在仿真中细细观察。

2. 测试电路创建

(1)在元器件库中单击(Group)sources,列表中选择(Family)Power_ sources,元器件列表(Component)选中VCC,单击"OK",确认取出电源5V。

(2)依此类推,其他元器件可参照以下说明取用。

1)U1,U2 四位二进制计数器在(Group)TTL→(Family)74LS→(Component)74161N。

2)U3A，U3B，U3C 与非门在(Group)TTL→(Family)74LS→(Component)7400N。

3)U6A 非门在(Group)TTL→(Family)74LS→(Component)7404N。

4)V1 在(Group)sources→(Family)Signal_Voltage→(Component)clock_Voltage。

5)U4，U5 七段数码管在(Group)Indicators→(Family)HEX_DISPLAY→(Component)DCD_HEX。

3. 测试方法说明及结果观察

设置矩形波发生器 V1 为 50 Hz，幅值 5 V，运行后观察两个七段显示器是否按照 0～23 计数。由于是使用清零法构成 24 进制计数器，在仿真时有可能出现七段显示器上显示出 24，但是时间非常短，可以忽略不计。

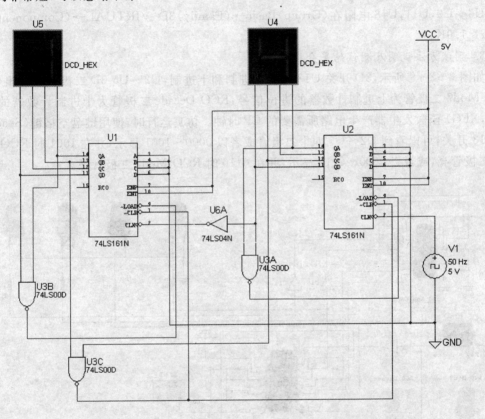

图 3-3-8　74LS161 级联反馈构成 24 进制计数器仿真电路图

3.3.3　可变进制计数器设计与 3D 仿真

1. 工作原理

Multisim9 软件提供部分芯片和元器件的 3D 符号，完全可以仿真出类似真实的电路图。下面用 74LS160 十进制计数器来完成一个七进制和十进制计数器，两者通过一个开关切换。74LS160 工作原理可参照 3.3.2 节工作原理中对 74LS161 的论述，两种芯片管脚和功能一模一样，区别在于 74LS161 计数范围是 0～15，而 74LS160 计数范围是 0～9。

2. 测试电路创建

(1)在元器件库中单击(Group)sources，列表中选择(Family)Power_sources，元器件列表

(Component)选中 VCC,单击 OK 确认取出电源 5V。

(2)其他元器件可参照以下说明取用。

U1 十进制计数器在(Group)Basic→(Family)3D_VIRTUAL→(Component)Counter _74160N。

U12 与门在(Group)Basic→(Family)3D_VIRTUAL→(Component)Quad_And_Gate。

U13 开关在(Group)Basic→(Family)3D_VIRTUAL→(Component)Switch1。

U14,U15,U16 非门在(Group)Misc Digital→(Family)TIL→(Component)NOT。

U2~U5,RCO Mod、MCO Decade 二极管在(Group)Basic→(Family)3D_VIRTUAL→(Component)Led3_Green。

U6~U9,U11,U18 电阻在(Group)Basic→(Family)3D_VIRTUAL→(Component)Resistor1_1.0K。

3. 测试方法说明及测试结果分析

如图 3-3-9 所示,3D 开关 U13 切换七进制和十进制,U2~U5 3D 二极管为输出显示,RCO Mod7 二极管为七进制计数器的进位信号,RCO Decade 二极管为十进制计数器的进位信号,XFG1 函数发生器产生电路所需要的 CP 时钟。仿真运行时,使用键盘空格键(Space)切换 U13 开关,可以看到 U2~U5 四个二极管或者以 0000~1001 显示,并在 1001 时 RCO Decade 二极管亮,或者以 0000~0110 显示,并在 0110 时 RCO Mod7 二极管亮。

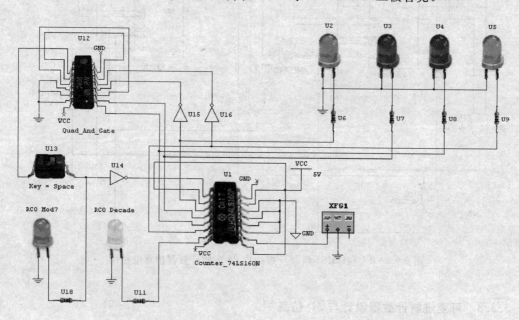

图 3-3-9 74LS160 实现模十/模七可变计数器 3D 仿真电路图

3.3.4 74LS90 设计不同码制计数器设计与仿真

1. 工作原理

74LS90 包含一个独立的 1 位二进制计数器和一个独立的异步五进制计数器。二进制计数器的时钟输入端为 CP_1,输出端为 Q_0;五进制计数器的时钟输入端为 CP_2,输出端为 Q_1,

Q_2,Q_3。如果将 Q_0 与 CP$_2$ 相连,CP$_1$ 作时钟脉冲输入端,$Q_0 \sim Q_3$ 作输出端,则为 8421BCD 码十进制计数器。如果将 Q_3 与 CP$_1$ 相连,CP$_2$ 作时钟脉冲输入端,$Q_0 \sim Q_3$ 作输出端,则为 5421BCD 码十进制计数器。

表 3 - 3 - 3   74LS90 的功能表

复位输入		置位输入		时 钟	输 出				工作模式
$R_{0(1)}$	$R_{0(2)}$	$R_{9(1)}$	$R_{9(2)}$	CP	Q_3	Q_2	Q_1	Q_0	
1	1	0	×	×	0	0	0	0	异步清零
1	1	×	0	×	0	0	0	0	
×	×	1	1	×	1	0	0	1	异步置数
0	×	0	×	↓		计	数		加法计数
0	×	×	0	↓		计	数		
×	0	0	×	↓		计	数		
×	0	×	0	↓		计	数		

由表 3 - 3 - 3 可知,74LS90 具有以下功能:

(1)异步清零。当复位输入端 $R_{0(1)} = R_{0(2)} = 1$,且置位输入 $R_{9(1)} \cdot R_{9(2)} = 0$ 时,不论有无时钟脉冲 CP,计数器输出将被直接置零。

(2)异步置数。当置位输入 $R_{9(1)} = R_{9(2)} = 1$ 时,无论其他输入端状态如何,计数器输出将被直接置 9(即 $Q_3Q_2Q_1Q_0 = 1001$)。

(3)计数。当 $R_{0(1)} \cdot R_{0(2)} = 0$,且 $R_{9(1)} \cdot R_{9(2)} = 0$ 时,在计数脉冲(下降沿)作用下,进行二-五-十进制加法计数。

2. 测试电路创建

本例将分别用 74LS90 实现 8421 码六进制计数器和 5421 码七进制计数器。

(1)在元器件库中单击(Group)TTL,列表中选择(Family)74LS,元器件列表(Component)选中 7490N,单击 OK 确认。

(2)其他元器件可参照以下说明取用。

1)X8,X4,X2,X1 指示灯在(Group)Indicators→(Family)PROBE→(Component)取 PROBE_DIG_RED。

2)V1 在(Group)sources→(Family)Signal_Voltage→(Component)clock_Voltage。

3)U2 七段数码管在(Group)Indicators→(Family)HEX_DISPLAY→(Component)DCD_HEX。

3. 测试方法说明及测试结果分析

本例中关于 8421 码和 5421 码可参考表 3 - 2 - 5 所示。

(1)74LS90 采用清零法实现 8421 码的六进制计数器如图 3 - 3 - 10 所示,运行后可观察 X8,X4,X2,X1 指示灯或者是 U2 数码管,应该按照 0000→0001→0010→0011→0100→0101 循环工作。

(2)74LS90 采用清零法实现 5421 码的七进制计数器如图 3 - 3 - 11 所示,运行后可观察

X5,X4,X2,X1 指示灯,应该按照 0000→0001→0010→0011→0100→1000→1001 循环工作。

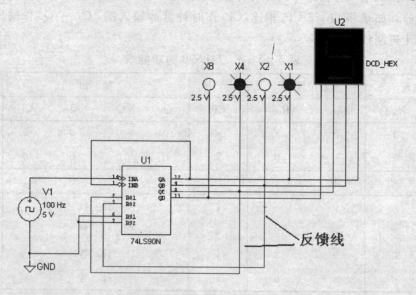

图 3 - 3 - 10　74LS90 采用清零法实现 8421 码的六进制计数器

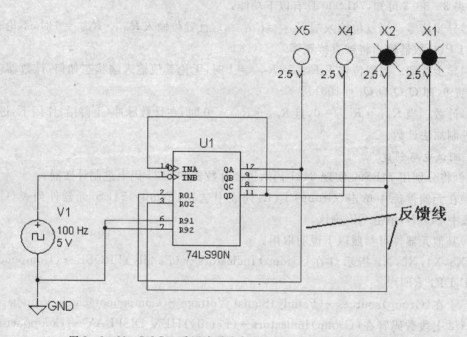

图 3 - 3 - 11　74LS90 采用清零法实现 5421 码的七进制计数器图

实验 3.4　A/D 与 D/A 转换电路设计仿真实验

　　能将模拟信号转换成数字信号的电路,称为模/数转换器(简称 A/D 转换器);而能将数字信号转换成模拟信号的电路称为数/模转换器(简称 D/A 转换器)。A/D 转换器和 D/A 转换器已经成为计算机系统中不可缺少的接口电路。下面对常用的倒 T 型电阻网络 D/A 转换器和并行 A/D 转换器进行仿真分析。

3.4.1　倒 T 型电阻网络 D/A 转换器测试与分析

1. 工作原理

在单片集成 D/A 转换器中,使用最多的是倒 T 形电阻网络 D/A 转换器。四位倒 T 形电阻网络 D/A 转换器的原理如图 3-4-1 所示。

$S_0 \sim S_3$ 为模拟开关,$R-2R$ 电阻解码网络呈倒 T 形,运算放大器 A 构成求和电路。S_i 由输入数码 D_i 控制。当 $D_i=1$ 时,S_i 接运算放大器反相输入端(虚地),I_i 流入求和电路;当 $D_i=0$ 时,S_i 将电阻 $2R$ 接地。无论模拟开关 S_i 处于何种位置,与 S_i 相连的 $2R$ 电阻均等效接地(地或虚地)。这样,流经 $2R$ 电阻的电流与开关位置无关,为确定值。

分析 $R-2R$ 电阻解码网络不难发现,从每个节点向左看的二端网络等效电阻均为 R,流入每个 $2R$ 电阻的电流从高位到低位按 2 的整倍数递减。设由基准电压源提供的总电流为 $I(I = V_{REF}/R)$,则流过各开关支路(从右到左)的电流分别为 $I/2, I/4, I/8$ 和 $I/16$。

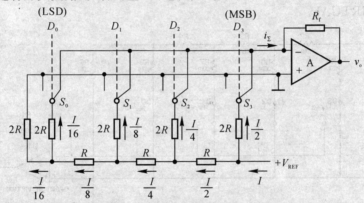

图 3-4-1　倒 T 形电阻网络 D/A 转换器

于是可得总电流

$$i_\sum = \frac{V_{REF}}{R}\left(\frac{D_0}{2^4} + \frac{D_1}{2^3} + \frac{D_2}{2^2} + \frac{D_3}{2^1}\right) = \frac{V_{REF}}{2^4 \times R}\sum_{i=0}^{3}(D_i \cdot 2^i)$$

输出电压

$$v_o = -i_\sum R_f = -\frac{R_f}{R} \cdot \frac{V_{REF}}{2^4}\sum_{i=0}^{3}(D_i \cdot 2^i)$$

将输入数字量扩展到 n 位,可得 n 位倒 T 形电阻网络 D/A 转换器输出模拟量与输入数字量之间的一般关系式为

$$v_o = -\frac{R_f}{R} \cdot \frac{V_{REF}}{2^n}\left[\sum_{i=0}^{n-1}(D_i \cdot 2^i)\right]$$

设 $K = \frac{R_f}{R} \cdot \frac{V_{REF}}{2^n}$,$N_B$ 表示括号中的 n 位二进制数,则 $v_o = -KN_B$。

要使 D/A 转换器具有较高的精度,对电路中的参数有以下要求:

(1)基准电压稳定性好。

(2)倒 T 形电阻网络中 R 和 $2R$ 电阻的比值精度要高。

(3)每个模拟开关的开关电压降要相等。为实现电流从高位到低位按2的整倍数递减,模拟开关的导通电阻也相应地按2的整倍数递增。

由于在倒T形电阻网络D/A转换器中,各支路电流直接流入运算放大器的输入端,它们之间不存在传输上的时间差。电路的这一特点不仅提高了转换速度,而且也减少了动态过程中输出端可能出现的尖脉冲。它是目前广泛使用的D/A转换器中速度较快的一种。常用的CMOS开关倒T形电阻网络D/A转换器的集成电路有AD7520(10位),DAC1210(12位)和AK7546(16位高精度)等。

2. 测试电路创建

(1)在元器件库中单击(Group)sources,列表中选择(Family)Power_sources,元器件列表(Component)选中DC_Power,单击OK确认取出电源V1,双击修改参数为10V。

(2)其他元器件可参照以下说明取用,电路图如图3-4-2所示。

1)R1~R4电阻在(Group)Basic→(Family)Resistor→(Component)取10K 5%。

2)R5~R10电阻在(Group)Basic→(Family)Resistor→(Component)取20K 5%。

3)U1运算放大器在(Group)Analog→(Family)ANALOG_VIRTUAL→(Component)OPAMP_3T_VIRTUAL。

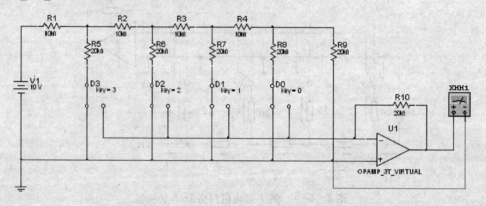

图3-4-2 倒T形电阻网络D/A转换器仿真电路

3. 测试方法说明

将4个单刀双掷按照二进制自然码顺序开关,使得每个开关都在运算放大器的正极和负极间切换,观察输出电压,填写如表3-4-1即可。本例使用万用表来观察输出电压,如图3-4-3所示设置为电压挡、直流挡即可。

表3-4-1 倒T形电阻网络D/A转换器法仿真电路测量数据汇总

序 号	D_3	D_2	D_1	D_0	输出电压
1	+	+	+	+	2.4 mV
2	+	+	+	−	−621.938 mV
3	+	+	−	+	−1.247 V
4	+	+	−	−	−1.872 V
5	+	+			−2.497 V
6	+		+		−3.121 V
...	...	...	...	...	...

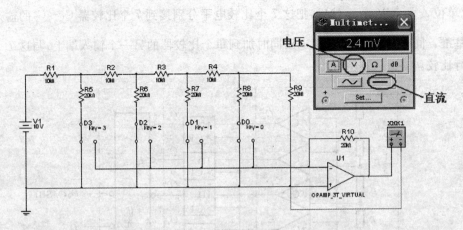

图 3 - 4 - 3　倒 T 形电阻网络 D/A 转换器运行结果

4. 测试结果分析

根据表 3 - 4 - 1 中测量数据可知,输出电压完全符合公式

$$v_o = -\frac{R_f}{R} \cdot \frac{V_{REF}}{2^n} \left[\sum_{i=0}^{n-1} (D_i \cdot 2^i) \right]$$

3.4.2　并行比较 A/D 转换电路设计与测试

1. 工作原理

在 A/D 转换器中,因为输入的模拟信号在时间上是连续量,而输出的数字信号代码是离散量,所以进行转换时必须在一系列选定的瞬间(亦即时间坐标轴上的一些规定点上)对输入的模拟信号取样,然后再把这些取样值转换为输出的数字量,基本过程如图 3 - 4 - 4 所示。因此,一般的 A/D 转换过程是通过取样、保持、量化和编码这 4 个步骤完成的。

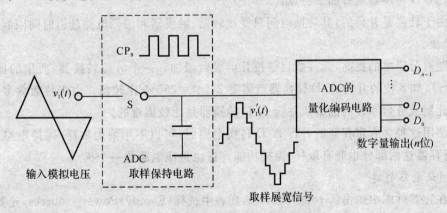

图 3 - 4 - 4　A/D 转换器基本工作原理

3 位并行比较型 A/D 转换原理电路如图 3 - 4 - 5 所示,它由电压比较器、寄存器和代码转换器三部分组成。用电阻链把参考电压 V_{REF} 分压,得到从 $\frac{1}{15} V_{REF}$ 到 $\frac{13}{15} V_{REF}$ 之间 7 个比较电

平,量化单位 $\Delta = \dfrac{2}{15}V_{REF}$。然后,把这 7 个比较电平分别接到 7 个比较器 $C_1 \sim C_7$ 的输入端作为比较基准。同时,将输入的模拟电压同时加到每个比较器的另一个输入端上,与这 7 个比较基准进行比较。

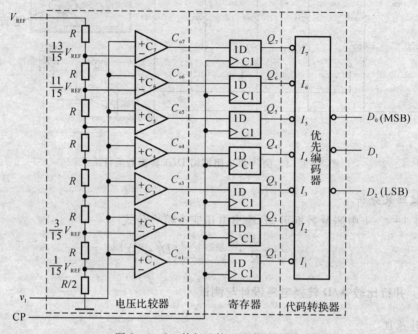

图 3-4-5　并行比较型 A/D 转换器

单片集成并行比较型 A/D 转换器的产品较多,如 AD 公司的 AD9012(TTL 工艺,8 位),AD9002(ECL 工艺,8 位),AD9020(TTL 工艺,10 位)等。

并行 A/D 转换器具有如下特点:

(1)由于转换是并行的,其转换时间只受比较器、触发器和编码电路延迟时间限制,因此转换速度最快。

(2)随着分辨率的提高,元件数目要按几何级数增加。一个 n 位转换器,所用的比较器个数为 $2^n - 1$,如 8 位的并行 A/D 转换器就需要 $2^8 - 1 = 255$ 个比较器。由于位数愈多,电路愈复杂,因此制成分辨率较高的集成并行 A/D 转换器是比较困难的。

(3)使用这种含有寄存器的并行 A/D 转换电路时,可以不用附加取样-保持电路,因为比较器和寄存器这两部分也兼有取样-保持功能。这也是该电路的一个优点。

2. 测试电路创建

(1)在元器件库中单击(Group)sources,列表中选择(Family)Power_ sources,元器件列表(Component)选中 VCC,单击 OK 确认取出电源 5V。

(2)其他元器件可参照以下说明取用,电路图如图 3-4-6 所示。

1)V2 在(Group)sources→(Family)Signal_Voltage→(Component)clock_Voltage。

2)U1～U6,U9 比较器在(Group)Analog→(Family)ANALOG_VIRTUAL→(Component)COMPARATOR。

3)U7 编码器在(Group)TTL→(Family)74LS→(Component)74LS148N。

4)U8 锁存器在(Group)TTL→(Family)74LS→(Component)74LS374N。

5)U10 七段数码管在(Group)Indicators→(Family)HEX_DISPLAY→(Component)DCD_HEX。

6)R8～R14 电阻在(Group)Basic→(Family)Resistor→(Component)取 20K 5%。

7)R15 电阻在(Group)Basic→(Family)Resistor→(Component)取 10K 5%。

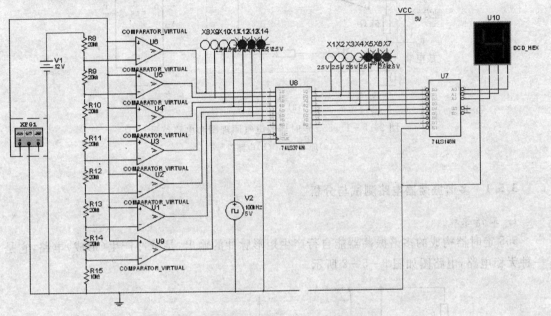

图 3-4-6　并行比较型 A/D 转换器仿真电路

3. 测试方法说明及测试结果分析

本例为了形象地显示 A/D 转换器的转换状态,专门在输入加上一个 XFG1 的函数发生器,产生一个正弦波作为输入信号,并在 A/D 转换器的各个中间环节加上了指示灯作为状态指示。运行开始后,由于正弦波的电压在不停变化,将看到数码管的数据按照正弦波电压变化规律变化。

实验 3.5　555 集成定时电路设计仿真实验

555 时基电路是一种将模拟功能与逻辑功能巧妙结合在同一硅片上的组合集成电路。它设计新颖,构思奇巧,用途广泛,备受电子专业设计人员和电子爱好者的青睐,人们将其戏称为伟大的小 IC。1972 年,美国西格尼蒂克斯公司(Signetics)研制出 Timer NE555 双极型时基电路,设计原意是用来取代体积大、定时精度差的热延迟继电器等机械式延迟器。但该器件投放市场后,人们发现这种电路的应用远远超出原设计的使用范围,用途之广几乎遍及电子应用的各个领域,需求量极大。图 3-5-1 所示为 555 时基电路的内部等效电路图和电路符号。

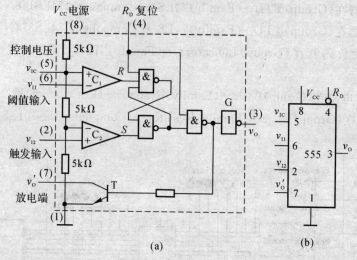

图 3-5-1　555 定时器的电气原理图和电路符号

(a)原理图;　(b)电路符号

3.5.1　多谐振荡器电路测试与分析

1. 工作原理

555 定时器构成的多谐振荡器能自行产生矩形脉冲的输出,是脉冲产生(形成)电路,它是一种无稳电路,电路图如图 3-5-2 所示。

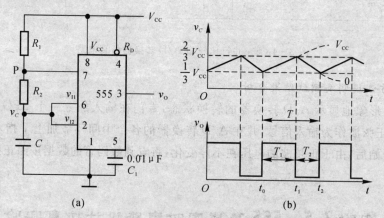

图 3-5-2　用 555 定时器构成的多谐振荡器原理示意图

(1)电路组成。

1)电路接通电源的瞬间,由于电容 C 来不及充电,电容电压 $v_C = 0V$,所以 555 定时器状态为 1,输出 v_O 为高电平。同时,集电极输出端(7 脚)对地断开,电源 V_{CC} 对电容 C 充电,电路进入暂稳态 I 。

2)当电容电压 v_C 充到 $\frac{2}{3} V_{CC}$ 时,输出 v_O 变为低电平,同时集电极输出端(7 脚)对地短路,电容电压随之通过集电极输出端(7 脚)放电,电路进入暂稳态 II 。

3)此后,电路周而复始地产生周期性的输出脉冲。

(2)振荡频率的估算。

1)电容充电时间 T_1。电容充电时,时间常数 $\tau_1 = (R_1 + R_2)C$,起始值 $v_C(0^+) = \frac{1}{3}V_{CC}$,终

了值 $v_C(\infty) = V_{CC}$,转换值 $v_C(T_1) = \frac{2}{3}V_{CC}$。代入 RC 过渡过程计算公式进行计算,得

$$T_1 = \tau_1 \ln \frac{v_C(\infty) - v_C(0^+)}{v_C(\infty) - v_C(T_1)} = \tau_1 \ln \frac{V_{CC} - \frac{1}{3}V_{CC}}{V_{CC} - \frac{2}{3}V_{CC}} = \tau_1 \ln 2 = 0.7(R_1 + R_2)C$$

2)电容放电时间 T_2。电容放电时,时间常数 $\tau_2 = R_2 C$,起始值 $v_C(0^+) = \frac{2}{3}V_{CC}$,终了值

$v_C(\infty) = 0$,转换值 $v_C(T_2) = \frac{1}{3}V_{CC}$。代入 RC 过渡过程计算公式进行计算,得

$$T_2 = 0.7R_2 C$$

3)电路振荡周期 T

$$T = T_1 + T_2 = 0.7(R_1 + 2R_2)C$$

4)电路振荡频率 f

$$f = \frac{1}{T} \approx \frac{1.43}{(R_1 + 2R_2)C}$$

5)输出波形占空比 q。定义 $q = T_1/T$,即脉冲宽度与脉冲周期之比称为占空比。

$$q = \frac{T_1}{T} = \frac{0.7(R_1 + R_2)C}{0.7(R_1 + 2R_2)C} = \frac{R_1 + R_2}{R_1 + 2R_2}$$

2. 测试电路创建

利用软件提供的向导就可以非常方便地产生多谐振荡器。方法是:单击菜单"Tools"下"Circurt Wizard"下的"555 Timer Wizard"命令,弹出如图 3-5-3 所示的向导对话框。该对话框共分为 4 个区域:

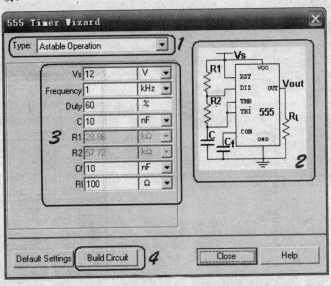

图 3-5-3　555 定时器向导多谐振荡器参数设置

（1）类型选择区：Astable Operation 是多谐振荡器向导；Monostable 是单稳态触发器向导。

（2）电路图示意区：显示将要产生的电路图。

（3）具体参数设置区：设置各种相关参数，例如电源电压、频率、占空比和特别元器件。

（4）产生电路按键：按照设置自动计算产生需要的电路。

3. 测试方法说明及测试结果分析

由向导生成电路如图 3-5-4 所示，运行后波形如图 3-5-5 所示。

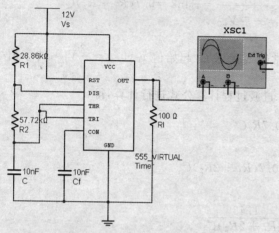

图 3-5-4　向导产生的多谐仿真电路

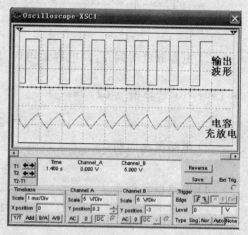

图 3-5-5　555 多谐振荡器发生波形图

3.5.2　可控单音发声电路设计与仿真

1. 工作原理

本例利用上节学习的多谐振荡器和 Multisim9 软件的虚拟器件扬声器完成一个标准的单音发声电路，了解一下声音的产生过程。

2. 测试电路创建

电路创建不再说明，电路图如图 3-5-6 所示，波形如图 3-5-7 所示。

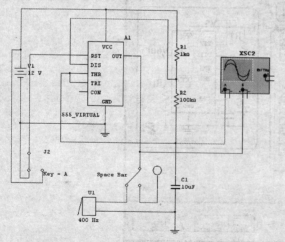

图 3-5-6　可控单音发声电路仿真电路

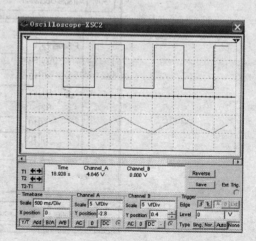

图 3-5-7　可控单音发声电路波形图

3. 测试方法说明及测试结果分析

当开关 J2 接在左边时, 555 电路不起振, 没有矩形波产生, 扬声器不发声; 当开关 J2 接在右边时, 555 电路 RST 端口处于高电平, 555 电路起振, 产生矩形波, 扬声器发声。修改 R1, R2 和电容 C1 参数, 可以修改矩形波频率, 听到的声音会非常不一样, 你不妨试一试。

3.5.3　单稳态触发器电路测试与分析

1. 工作原理

555 定时器构成的单稳态触发器是一种具有一个稳态和一个暂稳态的电路。一般情况下, 电路处于稳态, 外加触发脉冲可使电路翻转到暂稳态, 在暂稳态停留一段时间后自动返回稳态。它是一种脉冲整形电路, 多用于脉冲波形的整形、延时和定时等, 它是一种单稳电路。

用 555 定时器构成的单稳态触发器原理如图 3-5-8 所示。

(1)电路组成。

1)无触发信号输入时电路工作在稳定状态。当电路无触发信号时, v_1 保持高电平, 电路工作在稳定状态, 即输出端 v_o 保持低电平, 555 内放电三极管 T 饱和导通, 管脚 7 接地, 电容电压 v_C 为 0V。

2)v_1 下降沿触发。当 v_1 下降沿到达时, 555 触发输入端(2 脚)由高电平跳变为低电平, 电路被触发, v_o 由低电平跳变为高电平, 电路由稳态转入暂稳态。

3)暂稳态的维持时间。在暂稳态期间, 555 内放电三极管 T 截止, V_{cc} 经 R 向 C 充电。其充电回路为 $V_{cc} \rightarrow R \rightarrow C \rightarrow$ 地, 时间常数 $\tau_1 = RC$, 电容电压 v_C 由 0V 开始增大, 在电容电压 v_C 上升到阈值电压 $\frac{2}{3} V_{cc}$ 之前, 电路将保持暂稳态不变。

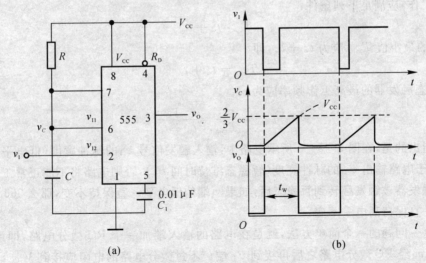

图 3-5-8　用 555 定时器构成的单稳态触发器原理示意图及工作波形

4)自动返回(暂稳态结束)时间。当 v_C 上升至阈值电压 $\frac{2}{3} V_{cc}$ 时, 输出电压 v_o 由高电平跳变为低电平, 555 内放电三极管 T 由截止转为饱和导通, 管脚 7 接地, 电容 C 经放电三极管对地迅速放电,电压 v_C 由 $\frac{2}{3}V_{CC}$ 迅速降至 0V(放电三极管的饱和压降),电路由暂稳态重新转入稳态。

5)恢复过程。当暂稳态结束后,电容 C 通过饱和导通的三极管 T 放电,时间常数

$$\tau_2 = R_{CES}C$$

式中,R_{CES} 是 T 的饱和导通电阻,其阻值非常小,因此 τ_2 的值亦非常小。经过 $(3\sim5)\tau_2$ 后,电容 C 放电完毕,恢复过程结束。

恢复过程结束后,电路返回到稳定状态,单稳态触发器又可以接收新的触发信号。

(2)主要参数估算。

1)输出脉冲宽度 t_w。输出脉冲宽度就是暂稳态维持时间,也就是定时电容的充电时间。由图 3-5-8(b)所示电容电压 v_C 的工作波形不难看出

$$v_C(0^+) \approx 0\text{V}, \quad v_C(\infty) = V_{CC}, \quad v_C(t_w) = \frac{2}{3}V_{CC}$$

代入 RC 过渡过程计算公式,可得

$$t_w = \tau_1 \ln \frac{v_C(\infty) - v_C(0^+)}{v_C(\infty) - v_C(t_w)} = \tau_1 \ln \frac{V_{CC} - 0}{V_{CC} - \frac{2}{3}V_{CC}} = \tau_1 \ln 3 = 1.1RC$$

上式说明,单稳态触发器输出脉冲宽度 t_w 仅决定于定时元件 R,C 的取值,与输入触发信号和电源电压无关,调节 R,C 的取值,即可方便地调节 t_w。

2)恢复时间 t_{re}。一般取 $t_{re} = (3\sim5)\tau_2$,即认为经过 $3\sim5$ 倍的时间常数电容就放电完毕。

3)高工作频率 f_{max}。当输入触发信号 v_I 是周期为 T 的连续脉冲时,为保证单稳态触发器能够正常工作,应满足下列条件:

$$T > t_w + t_{re}$$

即 v_I 周期的最小值 T_{min} 应为 $t_w + t_{re}$,即

$$T_{min} = t_w + t_{re}$$

因此,单稳态触发器的最高工作频率应为

$$f_{max} = \frac{1}{T_{min}} = \frac{1}{t_w + t_{re}}$$

须要指出的是,在图 3-5-8 所示电路中,输入触发信号 v_I 的脉冲宽度(低电平的保持时间)必须小于电路输出 v_O 的脉冲宽度(暂稳态维持时间 t_w),否则电路将不能正常工作。因为当单稳态触发器被触发翻转到暂稳态后,如果 v_I 端的低电平一直保持不变,那么 555 定时器的输出端将一直保持高电平不变。

解决这一问题的一个简单方法,就是在电路的输入端加一个 RC 微分电路,即当 v_I 为宽脉冲时,让 v_I 经 RC 微分电路之后再接到 v_{I2} 端。不过微分电路的电阻应接到 V_{CC},以保证在 v_I 下降沿未到来时,v_{I2} 端为高电平。

2. 测试电路的创建

测试电路的创建完全类似于多谐振荡器的向导。单击菜单"Tools"下"Circurt Wizard"下的"555 Timer Wizard"命令,在"Type"区域选择"Monostable Operation",弹出如图 3-5-9 所示的向导对话框。设置相关的单稳态触发器的参数后按下"Build Circuit",即可产生相应的

电路(见图 3－5－10)进行测试,波形如图 3－5－11 所示。

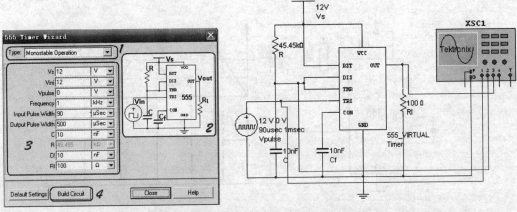

图 3－5－9　555 定时器向导单稳态触发器参数设置　　图 3－5－10　向导产生的单稳态触发器仿真电路

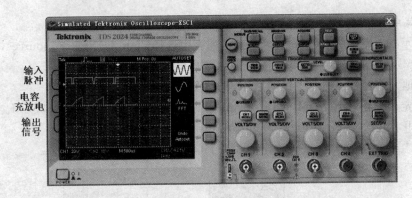

图 3－5－11　555 单稳态触发器仿真波形图

3. 测试结果

3.5.4　施密特触发器电路测试与分析

1. 工作原理

施密特触发器有回差电压特性,能将边沿变化缓慢的电压波形整形为边沿陡峭的矩形脉冲。555 定时器构成的施密特触发器是一种具有两个稳态的电路。当输入电压大于电路导通电压时,输出维持于一个恒定的电压值;当输入电压低于电路截止电压时,输出维持于另一个恒定的电压值。它是一种脉冲整形电路,可以把缓慢变化的输入波形变换成边沿陡峭的矩形波输出,用于脉冲波形的变换和整形,是一种双稳电路。由 555 电路构成的施密特电路如图 3－5－12 所示。工作过程如下:

(1) v_I＝0V 时,v_{o1} 输出高电平。

(2)当 v_I 上升到 $\frac{2}{3} V_{cc}$ 时,v_{o1} 输出低电平。当 v_I 由 $\frac{2}{3} V_{cc}$ 继续上升,v_{o1} 保持不变。

(3)当 v_I 下降到 $\frac{1}{3} V_{cc}$ 时,电路输出跳变为高电平。而且在 v_I 继续下降到 0V 时,电路的这种状态不变。

图 3-5-12(a) 中，R，V_{CC2} 构成另一输出端 v_{O2}，其高电平可以通过改变 V_{CC2} 进行调节。

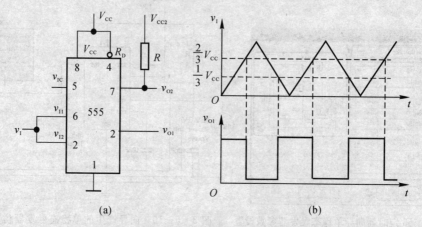

(a)   (b)

图 3-5-12   555 定时器构成的施密特触发器原理示意图

2. 测试电路创建

(1)在元器件库中单击(Group)sources,列表中选择(Family)Power_ sources,元器件列表(Component)选中 DC_Power,单击 OK 确认取出电源 V1。

(2)其他元器件可参照以下说明取用,电路图如图 3-5-13 所示。

1)U1 定时器在(Group)Mixed→(Family)Timer→(Component)LM555CM。

2)C1 电容在(Group)Basic→(Family)Capacitor→(Component)1uF。

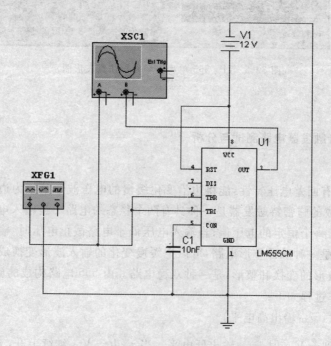

图 3-5-13   向导产生的多谐仿真电路

3. 测试结果

测试结果如图 3-5-14 所示。

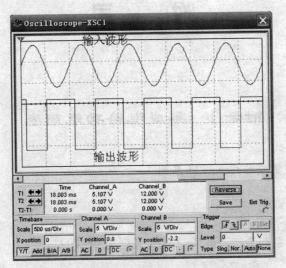

图 3-5-14　555 多谐振荡器发生波形图

附　录

附录 1　集成电路功能简表

附 1.1　TTL 数字集成芯片——74 系列

1. 推荐工作条件

电源电压：+5V；

工作环境温度：54 系列为−55～125℃；74 系列为 0～70℃。

2. 极限参数

电源电压：7V；

输入电压：54 系列为 5.5V，74LS 系列为 7V；

输入高电平电流：20μA；

输入低电平电流：−0.4mA；

最高工作频率：50MHz；

每门传输延时：8ns；

储存温度：−60～+150℃。

3. 常用 74LSxx 系列集成芯片型号与功能

型　号	功　能	型　号	功　能
7400	2 输入端四与非门	7412	开路输出 3 输入端三与非门
7401	集电极开路 2 输入端四与非门	74121	单稳态多谐振荡器
7402	2 输入端四或非门	74122	可再触发单稳态多谐振荡器
7403	集电极开路 2 输入端四与非门	74123	双可再触发单稳态多谐振荡器
7404	六反相器	74125	三态输出低有效四总线缓冲门
7405	集电极开路六反相器	74126	三态输出高有效四总线缓冲门
7406	集电极开路六反相高压驱动器	7413	4 输入端双与非施密特触发器
7407	集电极开路六正相高压驱动器	74132	2 输入端四与非施密特触发器
7408	2 输入端四与门	74133	13 输入端与非门
7409	集电极开路 2 输入端四与门	74136	四异或门
7410	3 输入端三与非门	74138	3−8 线译码器/复工器
74107	带清除主从双 J−K 触发器	74139	双 2−4 线译码器/复工器

续表

型 号	功 能	型 号	功 能
74109	带预置清除正触发双 JK 触发器	7414	六反相施密特触发器
7411	3 输入端 3 与门	74145	BCD-十进制译码/驱动器
74112	带预置清除负触发双 JK 触发器	7415	开路输出 3 输入端三与门
74150	16 选 1 数据选择/多路开关	74247	BCD-7 段 15V 输出译码/驱动器
74151	8 选 1 数据选择器	74248	BCD-7 段译码/升压输出驱动器
74153	双 4 选 1 数据选择器	74249	BCD-7 段译码/开路输出驱动器
74154	4-16 线译码器	74251	三态输出 8 选 1 数据选择器/复工器
74155	图腾柱输出译码/分配器	74253	三态输出双 4 选 1 数据选择器/复工器
74156	开路输出译码/分配器	74256	双 4 位可寻址锁存器
74157	同相输出四 2 选 1 数据选择器	74257	三态原码四 2 选 1 数据选择器/复工器
74158	反相输出四 2 选 1 数据选择器	74258	三态反码四 2 选 1 数据选择器/复工器
7416	开路输出六反相缓冲/驱动器	74259	8 位可寻址锁存器/3-8 线译码器
74160	可预置 BCD 异步清除计数器	7426	2 输入端高压接口四与非门
74161	可预制 4 位二进制异步清除计数器	74260	5 输入端双或非门
74162	可预置 BCD 同步清除计数器	74266	2 输入端四异或非门
74163	可预制 4 位二进制同步清除计数器	7427	3 输入端三或非门
74164	8 位串行入/并行输出移位寄存器	74273	带公共时钟复位八 D 触发器
74165	8 位并行入/串行输出移位寄存器	74279	四图腾柱输出 S-R 锁存器
74166	8 位并入/串出移位寄存器	7428	2 输入端四或非门缓冲器
74169	二进制 4 位加/减同步计数器	74283	4 位二进制全加器
7417	开路输出六同相缓冲/驱动器	74290	二/五分频十进制计数器
74170	开路输出 4×4 寄存器堆	74293	二/八分频 4 位二进制计数器
74173	三态输出 4 位 D 型寄存器	74295	4 位双向通用移位寄存器
74174	带公共时钟和复位六 D 触发器	74298	四 2 输入多路带存储开关
74175	带公共时钟和复位四 D 触发器	74299	三态输出 8 位通用移位寄存器
74180	9 位奇数/偶数发生器/校验器	7430	8 输入端与非门
74181	算术逻辑单元/函数发生器	7432	2 输入端四或门
74185	二进制-BCD 代码转换器	74322	带符号扩展端 8 位移位寄存器
74190	BCD 同步加/减计数器	74323	三态输出 8 位双向移位/存储寄存器
74191	二进制同步可逆计数器	7433	开路输出 2 输入端四或非缓冲器
74192	可预置 BCD 双时钟可逆计数器	74347	BCD-7 段译码器/驱动器

续 表

型 号	功 能	型 号	功 能
74193	可预置4位二进制双时钟可逆计数器	74194	4位双向通用移位寄存器
74195	4位并行通道移位寄存器	74196	十进制/二-十进制可预置计数锁存器
74197	二进制可预置锁存器/计数器	7420	4输入端双与非门
7421	4输入端双与门	7422	开路输出4输入端双与非门
74221	双/单稳态多谐振荡器	74240	八反相三态缓冲器/线驱动器
74241	八同相三态缓冲器/线驱动器	74243	四同相三态总线收发器
74377	单边输出公共使能八D锁存器	74244	八同相三态缓冲器/线驱动器
74378	单边输出公共使能六D锁存器	74245	八同相三态总线收发器
74465	三态同相2与使能端八总线缓冲器	7438	开路输出2输入端四与非缓冲器
74466	三态反相2与使能八总线缓冲器	74380	多功能八进制寄存器
74467	三态同相2使能端八总线缓冲器	7439	开路输出2输入端四与非缓冲器
74468	三态反相2使能端八总线缓冲器	74390	双十进制计数器
74469	8位双向计数器	74393	双4位二进制计数器
7447	BCD-7段高有效译码/驱动器	7440	4输入端双与非缓冲器
7448	BCD-7段译码器/内部上拉输出驱动	7442	BCD-十进制代码转换器
74490	双十进制计数器	74352	双4选1数据选择器/复工器
74491	10位计数器	74353	三态输出双4选1数据选择器/复工器
74498	八进制移位寄存器	74365	门使能输入三态输出六同相线驱动器
7450	2-3/2-2输入端双与或非门	74366	门使能输入三态输出六反相线驱动器
74502	8位逐次逼近寄存器	74367	4/2线使能输入三态六同相线驱动器
74503	8位逐次逼近寄存器	74368	4/2线使能输入三态六反相线驱动器
7451	2-3/2-2输入端双与或非门	7437	开路输出2输入端四与非缓冲器
74533	三态反相八D锁存器	74373	三态同相八D锁存器
74534	三态反相八D锁存器	74374	三态反相八D锁存器
7454	四路输入与或非门	74375	4位双稳态锁存器
74540	8位三态反相输出总线缓冲器	74377	单边输出公共使能八D锁存器

续表

型　号	功　能	型　号	功　能
7455	4 输入端二路输入与或非门	74378	单边输出公共使能六 D 锁存器
74563	8 位三态反相输出触发器	74379	双边输出公共使能四 D 锁存器
74564	8 位三态反相输出 D 触发器	7438	开路输出 2 输入端四与非缓冲器
74573	8 位三态输出触发器	74380	多功能八进制寄存器
74574	8 位三态输出 D 触发器	7439	开路输出 2 输入端四与非缓冲器
74645	三态输出八同相总线传送接收器	74390	双十进制计数器
74670	三态输出 4×4 寄存器堆	74393	双 4 位二进制计数器
7473	带清除负触发双 JK 触发器	7440	4 输入端双与非缓冲器
7474	带置位复位正触发双 D 触发器	7442	BCD - 十进制代码转换器
7476	带预置清除双 JK 触发器	74447	BCD - 7 段译码器/驱动器
7483	4 位二进制快速进位全加器	7445	BCD - 十进制代码转换/驱动器
7485	4 位数字比较器	74450	16：1 多路转接复用器多工器
7486	2 输入端四异或门	74451	双 8：1 多路转接复用器多工器
7490	可二/五分频十进制计数器	74453	四 4：1 多路转接复用器多工器
7493	可二/八分频二进制计数器	7446	BCD - 7 段低有效译码/驱动器
7495	4 位并行输入-输出移位寄存器	74460	10 位比较器
7497	6 位同步二进制乘法器	74461	八进制计数器

附 1.2　CMOS 数字集成电路标准系列——4000 系列

1. 推荐工作条件

电源电压范围：A 型 3～15V，B 型 3～18V；

工作温度：陶瓷封装 -55～+125℃，塑料封装 -40～+85℃。

2. 极限参数

电源电压 V_{aa}：-0.5～20V；

输入电压：-0.5～V_{aa}+0.5V；

输入电流：10mA；

允许功耗：200mW；

保存温度：-65～+150℃。

3. 4000 系列集成芯片的型号与功能

4000 系列功能表

型 号	功 能	型 号	功 能
4000	3 输入双或非门 1 反相器	4025	三 3 输入或非门
4001	四 2 输入或非门	40257	四 2 线 - 1 线数据选择器/多路传输
4002	双 4 输入或非门	4026	7 段显示十进制计数/分频器
4006	18 级静态移位寄存器	4027	带置位复位双 J - K 主从触发器
4007	双互补对加反相器	4024	7 级二进制计数器
4008	4 位二进制并行进位全加器	4028	BCD - 十进制译码器
4009	六缓冲器/转换器（反相）	4029	可预制加/减（十/二进制）计数器
4010	六缓冲器/转换器（同相）	4030	四异或门
40100	32 位双向静态移位寄存器	4031	64 级静态移位寄存器
40101	9 位奇偶发生器/校验器	4032	3 位正逻辑串行加法器
40102	8 位 BCD 可预置同步减法计数器	4033	十进制计数器/消隐 7 段显示
40103	8 位二进制可预置同步减法计数器	4034	8 位双向并、串入/并出寄存器
40104	4 位三态输出双向通用移位寄存器	4035	4 位并入/并出移位寄存器
40105	先进先出寄存器	4038	3 位串行负逻辑加法器
40106	六施密特触发器	4040	12 级二进制计数/分频器
40107	2 输入双与非缓冲/驱动器	4041	四原码/补码缓冲器
40108	4×4 多端寄存	4042	四时钟控制 D 锁存器
40109	四三态输出低到高电平移位器	4043	四三态或非 R/S 锁存器
4011	四 2 输入与非门	4044	四三态与非 R/S 锁存器
40110	十进制加减计数/译码/锁存/驱动	4045	21 位计数器
40117	10 线 - 4 线 BCD 优先编码器	4046	锁相环电路
4012	双 4 输入与非门	4047	单稳态、无稳态多谐振荡器
4013	带置位/复位的双 D 触发器	4048	8 输入端多功能可扩展三态门
4014	8 级同步并入串入/串出移位寄存器	4049	六反相缓冲器/转换器
40147	10 线 - 4 线 BCD 优先编码器	4050	六同相缓冲器/转换器
4015	双 4 位串入/并出移位寄存器	4051	8 选 1 双向模拟开关
4016	四双向开关	4052	双 4 选 1 双向模拟开关
40160	非同步复位可预置 BCD 计数器	4053	三 2 选 1 双向模拟开关
40161	非同步复位可预置二进制计数器	4054	4 位液晶显示驱动器

续　表

型　号	功　能	型　号	功　能
40162	同步复位可预置 BCD 计数器	4055	BCD - 7 段译码/液晶显示驱动器
40163	同步复位可预置二进制计数器	4056	BCD - 7 段译码/驱动器
4017	十进制计数器/分频器	4059	可编程 1/N 计数器
40174	六 D 触发器	4060	14 级二进制计数/分频/振荡器
40175	四 D 触发器	4063	4 位数字比较器
4018	可预置 1/N 计数器	4066	四双向模拟开关
40181	4 位算术逻辑单元	4067	单 16 通道模拟开关
40182	超前进位发生器	4068	8 输入端与非门
4019	四与或选译门	4069	六反相器
40192	可预置 4 位 BCD 计数器	4070	四异或门
40193	可预置 4 位二进制计数器	4071	四 2 输入端或门
40194	4 位双向并行存取通用移位寄存器	4072	4 输入端双或门
4020	14 级二进制串行计数/分频器	4073	3 输入端三与门
40208	4×4 多端寄存器	4075	3 输入端三或门
4021	异步 8 位并入同步串入/串出寄存器	4076	4 位三态输出 D 寄存器
4022	八进制计数器/分频器	4077	四异或非门
4023	三 3 输入与非门	4078	8 输入端或非门
4081	四 2 输入端与门	4094	8 级移位存储总线寄存器
4082	4 输入端双与门	4095	选通 JK 同相输入主从触发器
4085	双 2×2 与或非门	4096	选通 JK 反相输入主从触发器
4086	2 输入端可扩展四与或非门	4097	双 8 通道模拟开关
4089	二进制系数乘法器	4098	双单稳态多谐振荡器
4093	四 2 输入端施密特触发器	4099	8 位可寻址锁存器

附 1.3　CMOS 数字集成电路扩展系列——4500 系列

1. 推荐工作条件

电源电压范围:3~18V;

工作温度:陶瓷封装−55~+125℃,塑料封装−44~+85℃。

2. 4500 系列的极限参数:

电源电压 V_{aa}:−0.5~18V;

输入电压:−0.5V_{aa}+0.5V;

输入电流:10mA;允许功耗:180mW;

保存温度：－65～＋150℃。

3.常用 4500 系列集成芯片的型号和功能

4000 系列功能表

型 号	功 能	型 号	功 能
4500	工业控制一位微处理器	4543	BCD－7 段译码/锁存/液晶驱动器
4501	三组门电路	4544	BCD－7 段译码/消隐/驱动器
4502	可选通六反相缓冲器	4547	BCD－7 段译码/大电流驱动器
4503	六三态同相缓冲器	4549	逐级近似寄存器
4504	六 TTL 电平移位器	4551	4×2 通道模拟开关
4506	双二组 2 输入可扩展与或非门	4553	3 位数 BCD 计数器
4508	双三态输出 4 位锁存器	4541	可编程振荡器/计时器
4510	BCD 可预置可逆计数器	4554	2×2 并行二进制乘法器
4511	BCD－7 段锁存/译码/LED 驱动	4555	双 4 选 1 高选中译码器
4512	8 通道数据选择器	4556	双 4 选 1 低选中译码器
4513	BCD－7 段译码/锁存/驱动器	4557	1－64 位可变字长移位寄存器
4514	4 位锁存/4－16 高有效译码器	4558	BCD－7 段译码器
4515	4 位锁存/4－16 低有效译码器	4559	逐级近似寄存器
4516	二进制 4 位可预置可逆计数器	4560	BCD 全加器
4517	双 64 位静态移位寄存器	4561	"9"补码电路
4518	双 BCD 加法计数器	4562	128 位静态移位寄存器
4519	4 位与或选择器	4566	工业时基发生器
4520	双二进制加法计数器	4568	相位比较器/可编辑计数器
4522	可预置 BCD1/N 计数器	4569	双可预置 BCD/二进制计数器
4526	可预置二进制 1/N 计数器	4572	六门电路
4527	BCD 系数乘法器	4580	4×4 多端寄存器
4528	双单稳态多谐振荡器	4581	4 位算术逻辑单元
4529	双四路或单八路模拟开关	4582	超前进位发生器
4530	双 5 输入优势逻辑门	4583	双多能施密特触发器
4531	12 位奇偶校验电路	4584	六施密特触发器
4532	8 输入优先权译码器	4585	4 位数字比较器
4534	时分制 5 位十进制计数器	4597	8 位总线相容计数/锁存器
4536	可编程定时器	4598	8 位总线相容可寻址锁存器
4538	双精密单稳多谐振荡器	4599	8 位可寻址双向锁存器
4539	双四路数据选择器/多路开关		

附 1.4　COMS 数字集成电路高速系列——74HC 系列

1. 54 系列与 74 系列的异同点

在 54/74HC(AC)00 系列中,54 系列是军用产品,74 系列是民用产品,两者的不同点只是特性参数有差异,两者的引脚位置和功能完全相同。

2. 74HC(AC)00 系列推荐工作条件

电源电压范围:2～6V;

工作温度:陶瓷封装 -55～+125℃,塑料封装 -40～+85℃。

3. 74HC(AC)00 系列的极限参数

电源电压 V_{aa}: -0.5～+7V;

输入电压: -0.5～V_{aa}+0.5V;

输出电压: -0.5～V_{aa}+0.5V;

输出电流:25mA;

允许功耗:500mW;

保存温度: -65～+150℃。

4. 关于用 HC(AC)CMOS 直接替代 TTL 的问题

一个由 TTL 组成的系统全部用高速 CMOS 替换是完全可以的。但若是部分由高速 CMOS 替换,则必须考虑它们之间的逻辑电平匹配问题。由于 TTL 的高电平输出电压较低 (2.4～2.7V),而高速 CMOS 要求的高电平输入电压为 3.15V,因此必须设法提高 TTL 的高电平输出电压才能配接。方法是,在 TTL 输出端加接 1 个连接电源的上拉电阻。如果 TTL 本身是 OC 门,则已有上拉电阻,这时就不须再接上拉电阻了。

另一个应注意的问题:TTL 电路输入端难免出现输入端悬空的情况,TTL 电路的输入端悬空相当于接高电平,而 CMOS 电路的输入端悬空可能是高电平,也可能相当于低电平。由于 CMOS 的输入阻抗高,输入端悬空带来的干扰很大,这将引起电路的功耗增大和逻辑混乱。因此,对于 CMOS 电路,不用的输入端必须接 V_{dd} 或接地,以免引起电路损坏。

5. 常用 54/74HC(AC)00 系列芯片的型号和功能

型　号	功　能	型　号	功　能
74HC00/AC00	四 2 输入与非门	74HC74/AC74	双 D 触发器
74HC04/AC04	六反相器	74HC75/77	4 位 D 锁存器
74HC10	三 3 输入与非门	74HC76	双 JK 触发器
74HC20	双 4 输入与非门	74HC86	四 2 输入异或门
74HC21	双 4 输入与门	74HC90	二进制加五进制计数器
74HC30	8 输入与非门	74HC95	4 位左/右移位寄存器
74HC48	BCD-7 段译码器	74HC107/109	双 JK 触发器
74HC353	双 4-1 多路转换开关	74HC154	4 线-16 线译码器
74HC160/162	同步十进制计数器	74HC161/163	4 位 BCD 码同步计数器
74HC190/192	同步十进制加/减计数器	74HC191/193	同步二进制加/减计数器

附录 2 常用集成电路引脚图

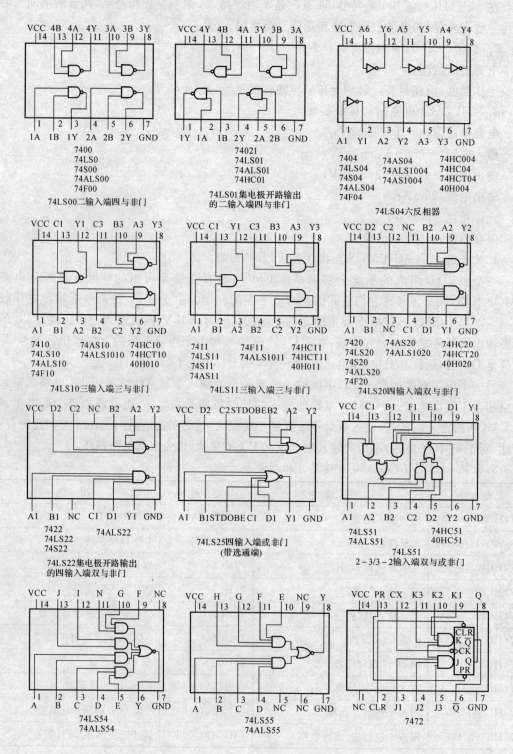

VCC 4B 4A 4Y 3A 3B 3Y
14 13 12 11 10 9 8
1A 1B 1Y 2A 2B 2Y GND

7400
74LS0
74S00
74ALS00
74F00
74LS00二输入端四与非门

VCC 4Y 4B 4A 3Y 3B 3A
14 13 12 11 10 9 8
1Y 1A 1B 2Y 2A 2B GND

74021
74LS01
74ALS01
74HC01
74LS01集电极开路输出
的二输入端四与非门

VCC A6 Y6 A5 Y5 A4 Y4
14 13 12 11 10 9 8
A1 Y1 A2 Y2 A3 Y3 GND

7404   74AS04   74HC004
74LS04 74ALS1004 74HC04
74S04   74AS1004 74HCT04
74ALS04   40H004
74F04
74LS04六反相器

VCC C1 Y1 C3 B3 A3 Y3
14 13 12 11 10 9 8
A1 B1 A2 B2 C2 Y2 GND

7410   74AS10   74HC10
74LS10 74ALS1010 74HCT10
74ALS10   40H010
74F10
74LS10三输入端三与非门

VCC C1 Y1 C3 B3 A3 Y3
14 13 12 11 10 9 8
A1 B1 A2 B2 C2 Y2 GND

7411   74F11   74HC11
74LS11 74ALS1011 74HCT11
74S11   40H011
74AS11
74LS11三输入端三与非门

VCC D2 C2 NC B2 A2 Y2
14 13 12 11 10 9 8
A1 B1 NC C1 D1 Y1 GND

7420   74AS20   74HC20
74LS20 74ALS1020 74HCT20
74S20   40H020
74ALS20
74F20
74LS20四输入端双与非门

VCC D2 C2 NC B2 A2 Y2
14 13 12 11 10 9 8
A1 B1 NC C1 D1 Y1 GND

7422   74ALS22
74LS22
74S22
74LS22集电极开路输出
的四输入端双与非门

VCC D2 C2STDOBEB2 A2 Y2
14 13 12 11 10 9 8
A1 B1STDOBE C1 D1 Y1 GND

74LS25四输入端或非门
(带选通端)

VCC C1 B1 F1 E1 D1 Y1
14 13 12 11 10 9 8
A1 A2 B2 C2 D2 Y2 GND

74LS51   74HC51
74ALS51   40HC51
74LS51
2-3/3-2输入端双与或非门

VCC J I N G F NC
14 13 12 11 10 9 8
A B C D E Y GND

74LS54
74ALS54

VCC H G F E NC Y
14 13 12 11 10 9 8
A B C D NC NC GND

74LS55
74ALS55

VCC PR CX K3 K2 K1 Q
14 13 12 11 10 9 8
NC CLR J1 J2 J3 $\overline{Q}$ GND

CLR
K $\overline{Q}$
CK
J Q
PR

7472

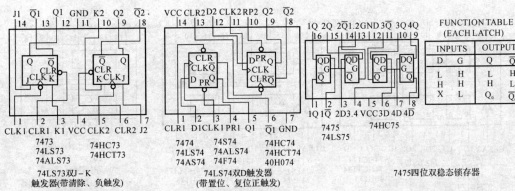

FUNCTION TABLE
(EACH LATCH)

INPUTS		OUTPUTS	
D	G	Q	$\overline{Q}$
L	H	L	H
H	H	H	L
X	L	Q_0	$\overline{Q}_0$

7473
74LS73
74ALS73
74HC73
74HCT73
74LS73双J−K
触发器(带清除、负触发)

7474
74LS74
74AS74
74S74
74LS74
74ALS74
74F74
74HC74
74HCT74
40H074
74LS74双D触发器
(带置位、复位正触发)

7475
74LS75
74HC75
7475四位双稳态锁存器

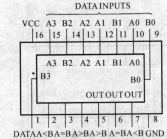

DATA INPUTS

7485
74LS85
74F85
74S85
74HC85
74HCT85
74LS85四位数字比较器

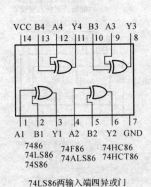

7486
74LS86
74S86
74F86
74ALS86
74HC86
74HCT86
74LS86两输入端四异或门

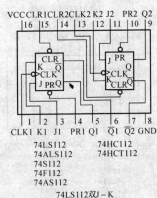

74LS112
74ALS112
74S112
74F112
74AS112
74HC112
74HCT112
74LS112双J−K
主从触发器(带数据锁定)

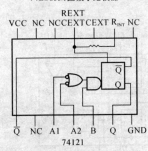

74121
74LS121单稳态多谐振荡器

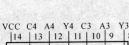
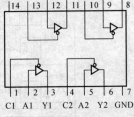

74LS125三态输出
的四总线缓冲器

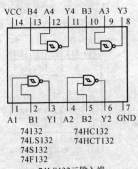

74132
74LS132
74S132
74F132
74HC132
74HCT132
74LS132二输入端
四与非密特触发器

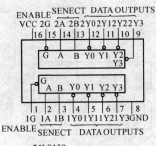

74LS139
74S139
74ALS139
74AS139
74F139
74HC139
74HCT139
40H139
74LS139二线-四线译码器

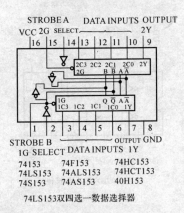

74153
74LS153
74S153
74F153
74ALS153
74AS153
74HC153
74HCT153
40H153
74LS153双四选一数据选择器

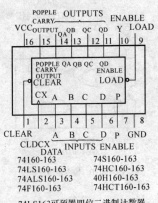

74160-163
74LS160-163
74ALS160-163
74F160-163
74S160-163
74HC160-163
40H160-163
74HCT160-163
74LS163可预置四位二进制计数器

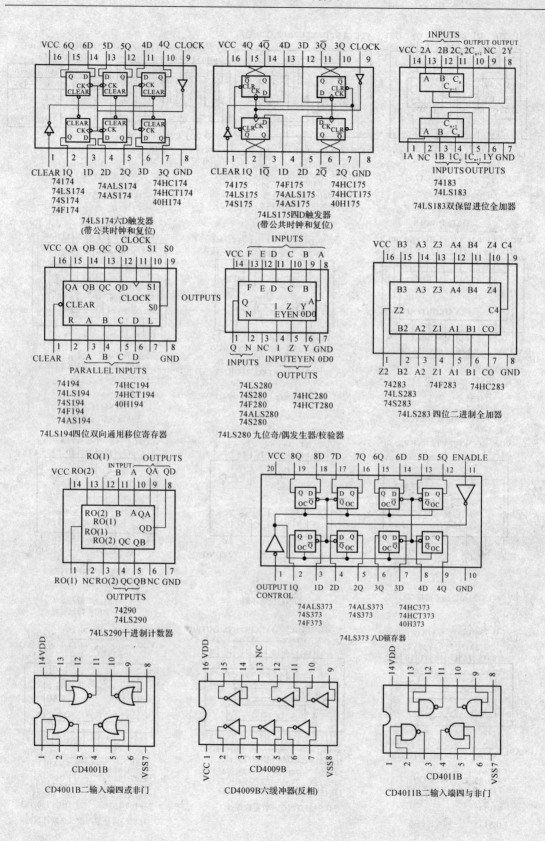

74LS174六D触发器
(带公共时钟和复位)

74LS175四D触发器
(带公共时钟和复位)

74LS183双保留进位全加器

74LS194四位双向通用移位寄存器

74LS280九位奇/偶发生器/校验器

74LS283四位二进制全加器

74LS290十进制计数器

74LS373 八D锁存器

CD4001B二输入端四或非门

CD4009B六缓冲器(反相)

CD4011B二输入端四与非门

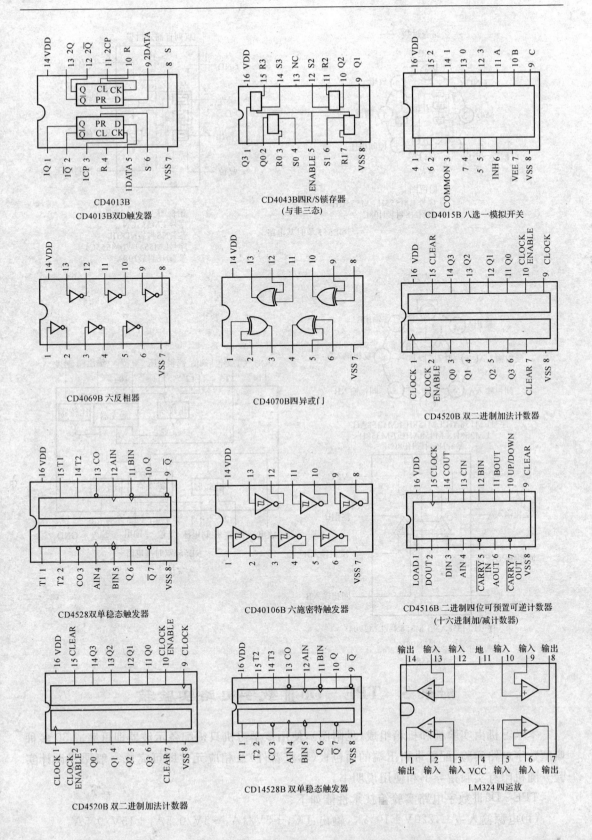

CD4013B
CD4013B双D触发器

CD4043B四R/S锁存器
（与非三态）

CD4015B 八选一模拟开关

CD4069B 六反相器

CD4070B四异或门

CD4520B 双二进制加法计数器

CD4528双单稳态触发器

CD40106B 六施密特触发器

CD4516B 二进制四位可预置可逆计数器
（十六进制加/减计数器）

CD4520B 双二进制加法计数器

CD14528B 双单稳态触发器

LM324 四运放

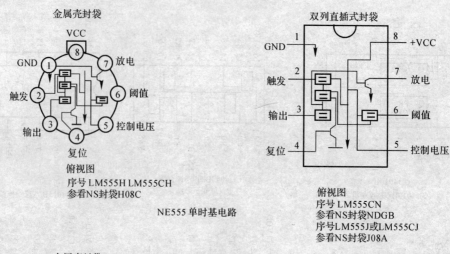

NE555 单时基电路

俯视图
序号 LM555H LM555CH
参看NS封袋H08C

俯视图
序号 LM555CN
参看NS封袋NDGB
序号LM555J或LM555CJ
参看NS封袋J08A

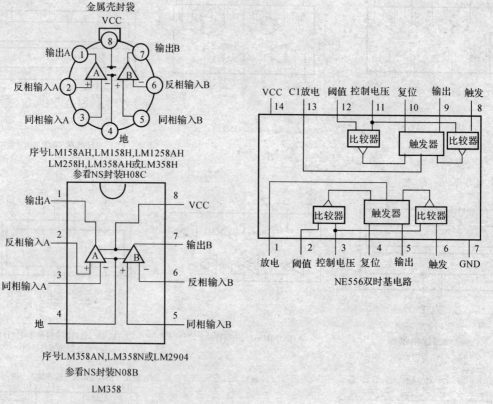

序号LM158AH,LM158H,LM1258AH
LM258H,LM358AH或LM358H
参看NS封装H08C

NE556双时基电路

序号LM358AN,LM358N或LM2904
参看NS封装N08B

LM358

附录3　TPE－D6Ⅲ数字电路实验箱

本学习机由实验板和机箱组成(见附图),使用该学习机只须配备示波器即可完成30多种典型数字电路实验;配置带引出端的面包板(本机备件)及相应元件即可完成一般课程设计实验。随机附有实验指导书和使用说明书。

TPE－D6Ⅲ数字电路实验箱技术性能如下:

(1)电源输入:AC,220V±10% 。输出:DC,＋5V/1A,−5V/0.5A,±15V/0.5A。

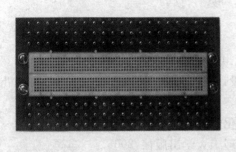

$$(a) \qquad\qquad (b)$$

附图　TPE-D6Ⅲ数字电路实验箱

（2）单脉冲（消抖脉冲）：可同时输出正负两个脉冲，脉冲幅值为 TTL 电平。

（3）连续脉冲两组，输出均为 TTL 电平。

1）固定频率脉冲源 3 路：输出频率分别为 1Hz，1kHz，1MHz。

2）频率可调脉冲源：100Hz～1MHz 连续可调方波，分三挡由开关切换。

（4）逻辑电平。

1）14 组独立逻辑电平开关：可输出"0""1"电平（为正逻辑）。

2）逻辑电平组：由两组拨码开关组成，每组 8 位，可输出"0"、"1"电平。

（5）电平显示：共 28 位（上 16 位、下 12 位），由红色 LED 及驱动电路组成。

（6）数码显示：

1）两组两位 7 段 LED 数码显示，带 BCD 七段译码器[①]。

2）一组两位 7 段 LED 数码管及限流电阻组成[②]。

（7）元件库：由排阻、电阻、电容、电位器、二极管、三极管、稳压管、蜂鸣器等构成。

（8）面包板：将面包板上的 120 位全部引出，引出端为 1♯自锁紧接插件，可与主板连接。

（9）实验箱箱体：铝合金框架式结构，外形尺寸 500mm×340mm×160mm。

---

① 　标配为共阳数码管。

② 　通过改变接线，共阳或共阴数码管均可使用。

参 考 文 献

[1] 杨拴科. 模拟电子技术基础. 北京:高等教育出版社,2003.

[2] 郭锁利,刘延飞. 基于 Multisim 9 电子系统设计、仿真与综合应用. 北京:人民邮电出版社,2008.

[3] 严雪萍,蒋彦. 模拟电子技术实验教程. 北京:化学工业出版社,2008.

[4] 陈相,吕念玲. 模拟电子技术实验. 广州:华南理工大学出版社,2005.

[5] 谢自美. 电子线路设计·实验·测试. 2 版. 武汉:华中科技大学出版社,2000.

[6] 周凯. EWB 虚拟电子实验室:MULTISIM 7 & ULTIBOARD 7 电子电路设计与应用. 北京:电子工业出版社,2005.

[7] 王冠华,王伊娜,等. MULTISIM 8 电路设计及应用. 北京:国防工业出版社,2006.

[8] 熊伟,侯传教,梁青,等. MULTISIM 7 电路设计及仿真应用. 北京:清华大学出版社 2005.

[9] 赵淑范,王宪伟,等. 电子技术实验与课程设计. 北京:清华大学出版社,2006.

[10] 潘礼庆,电路与电子技术实验教程. 北京:科学出版社,2006.

[11] 黄智伟,王彦,陈文光,等. 全国大学生电子设计竞赛训练教程. 北京:电子工业出版社,2005.

[12] 李光飞,楼然苗,胡佳文,等. 单片机课程设计实例指导. 北京:北京航空航天大学出版社,2004.

[13] 康华光. 电子技术基础. 模拟部分. 4 版. 北京:高等教育出版社,2004.

[14] 刘军,赵旭. 电路与电子技术虚拟实验教程(模拟篇). 西安:西北工业大学出版社,2006.

[15] 赵淑范,王宪伟. 电子技术实验与课程设计. 北京:清华大学出版社,2006.

[16] 王延才. 电工电子技术 EDA 技术仿真实验. 北京:机械工业出版社,2003.